優渥叢書

U0072561

優渥
叢書

李忠秋、劉晨、張瑋——著

CONTENTS

方法篇 學會這四種方法，從此在職場無往不利！

序 提案總被老闆打槍？那是因為你的思維還沒「結構框架」！

曾經有個電視節目的片段讓我印象深刻：一名5歲的小女孩說話非常有條理，主持人訪問她的母親是如何訓練孩子說話，她母親回答：「沒什麼特別的方式，我只有規定她如果想提出某個要求，像是想吃什麼、買什麼，至少能說出3個理由。」其實，這就是「結構思考力」。

建立結構思考力不難，在日常生活中就可以訓練。從結構思考力學院成立至今，許多企業負責人、管理者、員工，甚至是自由工作者、學生皆向我們表達感謝。這套方法改變他們固有、僵化的思維模式，無論在工作上或生活中都能獲得許多意外的好處。

與此同時，我們也收到很多寫作方面的回饋。許多管理者紛紛向我們抱怨，部屬寫的e-mail、報告、提案等，讓他們非常頭痛，打開檔案往往會看到散亂的文字，讓人找不到重點和主旨。不僅如此，概念模糊不清、邏輯推理不嚴密、前後論證不合理，都是家常便飯。這些部屬可能是對某個主題很茫然，不知道從何下手，或是不知如何處理一堆資料、素材，所有的資訊在腦袋裡糾纏不清，理不出頭緒。實際上，就連中階、基層的管理者都存在類似問題，看的人難受，寫的人也相當費勁。

根據我們長期的觀察與分析，大多數職場人士之所以不善寫作，核心問題不在於是否擁有豐富詞彙或華麗文采，也就是說，**問題並非出在「寫」本身，而是背後的「思維」出現問題。**

缺乏思維系統化的能力，會讓你無法將事物串連起來，大腦中的資訊呈現零散、混亂的狀態。在這種狀態下很難快速、清晰地建構出文章的布局或架構，資訊和素材的組合也無法呈現出邏輯，寫出來的作品當然讓人看不懂、不想看，也記不住。

「金字塔原理」[1]的創始人芭芭拉・明托（Barbara Minto）早已證實這點。在此，我們的團隊想向芭芭拉・明托致敬，因為我們只不過是站在巨人的肩膀上，進一步擴展、延伸她的理念和方法。為了幫助職場人士走出「不會寫作」的困境，我們設計一套專門用於商務與職場的寫作課程，有助於提升溝通與表達的能力。只要改善思維能力，就能強化思考、表達（無論口頭或書面），以及解決問題的能力，對於個人成長與職涯發展絕對有長期幫助。

根據結構思考力的概念，面對複雜問題時，最有效的處理方式是分類。我們根據寫作的目的，將職場環境中常見的寫作類型分為四類：

（1）清晰傳遞資訊：在短時間內快速建構寫作框架，並組織文字，清晰地表達出核心內容。

（2）準確總結工作：系統性地梳理和精煉工作成果，總結出一份經過深度思考的工作總結。

（3）充分說服他人：強調換位思考，並運用邏輯推理來強化內容的說服力與嚴謹性。

（4）強而有力的彙報方案：透過系統化的五大步驟，寫出具有完整結構、圖文並茂的大型文案。

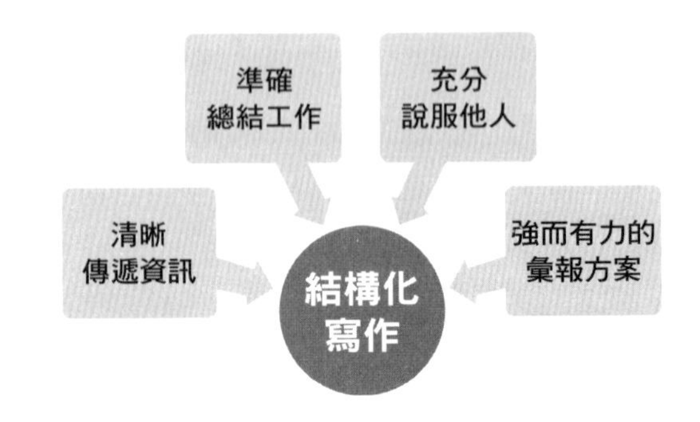

1 針對工作上需要撰寫複雜報告、研究論文、備忘錄或簡報文件的人，提供有助於釐清散亂思緒的金字塔結構，讓他們透過邏輯概念，提升思考與解決問題的能力。

結構思考力的理論體系是以「理解－重組－呈現」三層次思維模型為核心，並以此為基礎，形成結構化表達的「五大步驟」，而這五個步驟包含大量工具。首先，針對不同寫作類型的需求和重點將工具拆開，分配在傳遞資訊、總結工作、說服他人這三種寫作類型中，而在第四種彙報方案的寫作類型裡彙整成「五大步驟」，最終建立一套適用於大部分工作環境的職場寫作法。

這四種寫作類型並沒有遵循MECE[2]原則中的「不重疊」，因為在實際情況下，不同寫作方法的界線並不明確，因此我們保留了一定的彈性，避免過於死板和僵硬。寫作固然需要方法，但背後的思維能力其實更加重要。如果只學習某種情況的對應方法，那麼遇到新狀況時便會束手無策。因此，只有提高思維層次，才能了解事物背後的邏輯，真正地解決問題。

本書不僅適用於職場，也適合大學生。雖然大學生尚未涉足職場，但只要釐清思維邏輯，到哪裡都能融會貫通。本書提供大量實例，有助於學生理解如何實踐思維結構化，而這些實例對職場人士也很有幫助，因為多數企業對員工投入的資源有限，許多人難以接觸優質的培訓課程，導致職涯發展遭遇瓶頸。

希望本書對追求卓越、尋求突破的人有所啟發與幫助，同時讓學生了解職場上如何寫作，掌握應對方法，為日後奠定寫作技能的基礎。歡迎讀者朋友帶著批判的眼光閱讀本書。我們總結出的方法必然存在缺陷和不足，也肯定有思維水準不夠而導致的侷限。若您有更好的思維和想法，請不吝指正。

---

2 麥肯錫思維過程的基本準則之一，做到不重疊、不遺漏地分類重大的議題，並能夠有效把握問題核心，找到解決問題的方法。

本書使用指南

導論——主要強調職場寫作的必要性與重要性，並解釋什麼是結構化寫作，讀者可以根據自身實際情況，選擇是否要閱讀。

基礎篇——介紹結構化寫作的基礎：結構思考力。其中的四個核心原則「論、證、類、比」非常重要，因為它們將指引你完成寫作，而且無論你使用方法篇（將在第三章介紹）的哪一種方法，最終產出的內容必須使用「論、證、類、比」進行評估，才能找出不完善之處。當然，如果讀者已經具備結構思考力，且能確切掌握核心原則，可以直接從下一章的方法篇開始閱讀。

方法篇——針對職場上常見的傳遞資訊、總結工作、說服他人、彙報方案這四種寫作類型，詳細介紹如何運用「結構化寫作」的方法。前三種寫作類型涉及的方法和工具，將在第四種寫作類型中彙整成五大步驟。

四種寫作類型並無層層遞進的關係，但不同類型使用的工具互有關聯。建議讀者依照順序閱讀，並隨著內容越來越深入，隨時反芻前述的內容。這麼做一方面可以加深理解，另一方面則有利於分析各寫作類型所使用的工具，以及它們之間的關聯，以便對所有的方法和工具，形成系統化的理解與認知。

美國教育理論家大衛・庫伯（David Kolb），彙整教育家約翰・杜威（John Dewey）和心理學家庫爾特・勒溫（Kurt Lewin）、尚・皮亞傑（Jean Piaget）的經驗學習模式，提出「經驗學習圈（experiential learning cycle）」理論。我們在方法篇中，借鑑了這個理論。

簡單來說，經驗學習就是「做中學」，大衛・庫伯認為，經驗學習是由四個學習階段構成的環形結構，包括：具體經驗、觀察和省思、形成抽象概念和類化、行動應用。這四個階段並非獨立存在，而是連續且隨時循環的，具體模型可見下圖。

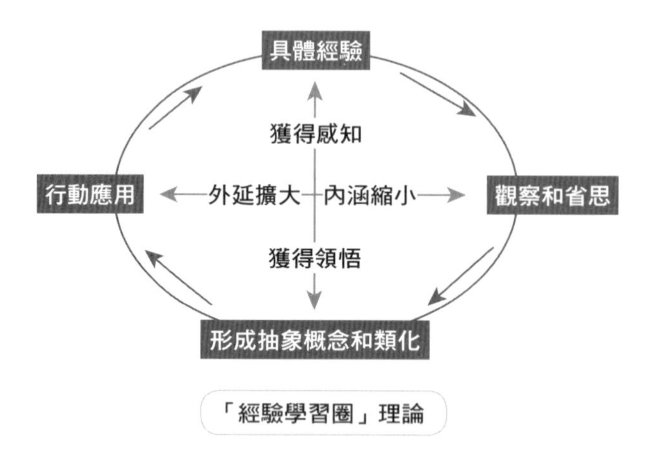

「經驗學習圈」理論

基於庫伯的四個學習階段，以及該理論在技能訓練領域的應用，我們把方法篇中的各個步驟分成四部分：Why、What、How、If（見下圖）。

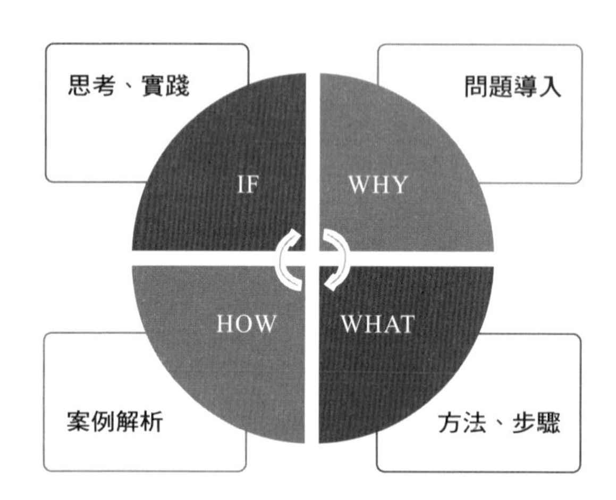

（1）WHY（問題導入）：透過有趣的現象或故事，回答「為什麼」。

（2）WHAT（方法、步驟）：詳細說明相應的概念、方法、技巧，回答「是什麼」。

（3）HOW（案例解析）：針對具體的案例進行分析，回答「怎麼用」。

（4）IF（思考、實踐）：列出問題引發讀者思考，期望讀者突破傳統的閱讀習慣，改用「分析式閱讀」，甚至是「批判性閱讀」。

如此一來，讀者在閱讀本書的過程中，等於實際經歷完整的學習路徑，而非只是讀書。同時，在每個案例結束時，還有一些練習題和任務。本書會教導實用性的方法，但讀者唯有透過大量的練習和實踐，才能將這些方法轉變為自身的技能。**現在，就讓我們開始學習吧！**

導論

主管沒有你聰明，
但為什麼你就是無法上位？

1 想抓住老闆的眼球，你得……

在這個靠寫文章就能成功打造個人品牌，並因此發大財的時代，寫作能力這件事被提升到新的高度，這讓原本單純的「寫作」一詞，被賦予更多的內涵。但對於大多數人來說，學會如何在職場中加強自己的核心競爭力，才是最重要的事。

從資訊傳遞方面來看，職場人士的核心競爭力可以總結為「聽、讀、說、寫」四種能力。前二項是「輸入」，需要用耳朵與眼睛接收資訊；後二項則是「輸出」，必須用嘴和手表達資訊。此外，「說」與「寫」也可稱為「口頭表達」及「書面表達」。

在職場上，輸出的能力特別重要，因為它可以為你爭取到話語權。此外，書面表達能力不僅是簡單的語句組合技巧，更可以展現出思維能力與知識水準。當你與所有競爭者條件旗鼓相當時，唯有思維敏捷、能言善辯者才能脫穎而出，成為領導者提攜的首選。由此可見，寫作能力是實現個人價值的核心競爭力。

歷史小說《明朝那些事兒》其中有一段，讓我印象非常深刻：

> 吳晗先生統計過，從洪武十七年（1384）九月十四日到二十一日，僅僅八天內，他收到了一千六百六十六件公文，合計三千三百九十一件事，平均每天要看兩百份文件，處理四百件事情。這真是一個讓人膽寒的數字，朱元璋時代沒有勞動法，他幹八天也不會有人給他加班費，但他就這麼不停地幹下去，這使得他很討厭那些半天說不到點上的人。

有一個著名的故事就表現了這一點，當時的戶部尚書茹太素曾經上了一篇奏摺給朱元璋，朱元璋讓人讀給他聽，結果讀到一半就用了將近三個鐘頭，都是什麼三皇五帝、仁義道德之類的。朱元璋當機立斷，命令不要再讀下去，數了字數，已經有一萬多字。朱元璋氣極，命令馬上傳茹太素覲見，讓侍衛把他狠狠地打了一頓。

我們把重點數字抓出來：8天、1,666件公文、合計3,391件事，真可說是日理萬機，可見朱元璋這個老闆當得非常辛苦。再來看看「員工」茹太素（尚且不論他還是一位「高級主管」）的關鍵資料：3個鐘頭，10,000多字。老闆如此忙碌，員工寫奏摺還抓不到重點，浪費老闆的寶貴時間，挨揍還算是輕微的懲罰。

我們在工作時，隨時要將自己的想法轉化為文字，並要將隱藏在大腦中的想法組織成文字，清晰、準確地呈現在他人面前，而這個過程需要內建強大的寫作能力。為什麼職場中善於寫作者更容易得到領導者的青睞？真的是因為寫作能力強嗎？從更深層的角度看來，其實不盡然，因為寫作不僅僅是寫作。

想讓老闆覺得你很聰明，這樣回報就對了！

在澳洲教育家約翰・比格斯（John B. Biggs）與凱文・科利斯（Kevin F. Collis）合著的《學習質量評價》（*Evaluating the Quality of Learning*）一書中，兩人基於心理學家尚・皮亞傑的「認知發展論」，提出「可觀察的學習成果結構（Structure of the Observed Learning Outcome, 簡稱SOLO）」的分類評價理論。

SOLO理論是透過某人回答問題時表現出的思維結構，來測量其思維水準（非指某人處於某個水準，而是他面對某個問題時的思維水準）。根據此理論，可以將受測學生對某個問題的學習結果，由低至高劃分出五個層次，分別是：前結構、單點結構、多點結構、關聯結構、抽象拓展（見下圖）。

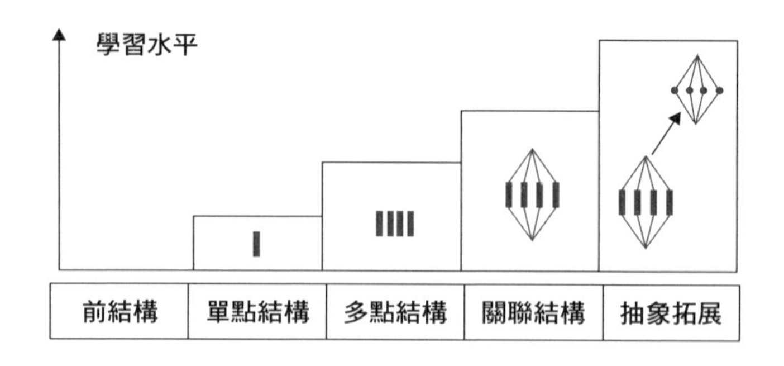

SOLO分類評價理論

五個層次的具體意義如下：

（1）前結構（prestructural）：基本上無法理解或解決問題，只能提供邏輯混亂、沒有理論和數據支持的答案。

（2）單點結構（unistructural）：受測者找到一個解決問題的方法，卻僅憑一點理論或數據，就直接歸納出答案。

（3）多點結構（multistructural）：受測者找到多個解決問題的方法，但未能把這些方法進行結構性整合。

（4）關聯結構（relational）：受測者不僅找到多個解決問題的方法，還能將其結合思考來解決問題。

（5）抽象拓展（extended abstract）：受測者能歸納問題或是將概念提升到更高層次，擴展問題本身的意義。

從SOLO理論可以看出，當一個人的思維層次越高，在面對問題時就越能看清事物的本質，並以系統化的眼光連結那些看似不相關的資訊，再透過歸納進行整合，最後用推理與預測得出結論。

不會寫作的人很難透過文字準確描述出問題的關鍵，因為他們缺乏構思文章脈絡的能力，總是想到什麼寫什麼，如此一來，就無法寫出明確觀點和有效論證。善於寫作的人往往能有效率地搜集並整理資料，建構起文章架構，接著將內容系統化。

若以冰山來比喻的話，寫作能力就是位於水平面上的表面技能，而影響寫作的深層因素主要是思維水準的高度。寫作水準與教育有很大的關係，請讀者回想一下，小時候是如何寫作文呢？在傳統教育體制下，無論是說明文、記敘文、議論文，都有固定的範本，我們只要依照格式，填上內容，再加入一些名人語錄，就能完成一篇分數不低的作文了。

此外，大家最熟悉的就是在閱讀課文時，我們總是背誦註釋、特殊語詞、作家的思想等等，卻忽略了在一篇優秀文章背後，作者對事物的辯證及思考。這樣的教育方式導致學生只關注詞彙與看似華麗的句式，卻難以對文章進行整體性思考，於是思維停留在低水準，造成往後在寫作、看待與拆解問題時，無法系統而全面地進行分析。

在工作上，我們寫作是為了分析和解決問題。如果思維能力不夠，在面對難題時就無法保持思路清晰，更別說是有效率、準確地寫作。

美國教育家約翰・杜威說：「思維應是不間斷、一系列的思量，連貫有序、因果分明、前後呼應。思維過程中的各個階段不是零碎的大雜燴，應是彼此連接、互為印證。」請各位回想一下曾看過的高品質文章，的確都如同約翰・杜威所描述的。一個人的思維是否嚴謹，是否擁有良好的思考習慣，可以從寫作體現出來。

每個簡單的訊息，都是抓住客戶心的關鍵！

在網路時代，打造個人品牌非常重要，職場人士也不例外，想要打造出良好形象，就必須在老闆、同事及客戶面前，展現出優秀的職業態度。一封郵件、一份報告、一個提案，甚至是一則訊息，都會透露出你的態度。在這些文字裡，你展現的不僅是文筆，還有你對事物的理解、分析問題的思路，以及對待工作的態度。

企業規模越大，寫作技能就越重要，因為舉凡工作上的溝通、制度宣導、會議紀錄、專業提案，以及各類大小報告，都必須以文字進行傳遞。擅長寫作的人可以透過各種管道，展現出自己的強項，勢必能獲得更多機會。

2 客戶不領情？那是因為你沒抓到三大重點！

職場寫作與日常寫作不同，不是為了抒發個人情感，也不是為了說出感人故事，它在形式與內容上有著明確的方向和目標，以及嚴格的時間限制。這也意味著，無論是管理者或基層員工，都必須具備職場寫作的能力，甚至在某些情況下，它可能會成為績效考核的一部分。

重點1 你報告的終極目標在於「統合對方的想法」

在職場中，我們時常要寫e-mail給同事，說服他認可自己的想法，或是寫報告說服老闆批准、採納某個提案或建議，有時也要向客戶提案，說服對方購買某項產品或服務。總而言之，職場寫作的終極目標就是「說服」，主要是希望閱讀者可以認可自己的觀點，或是做出自己希望的答覆或行動。

首先，我們要表明自己的態度，並提出具體而明確的觀點，同時還要給出充分的理由、強而有力的依據，最後做出有水準的總結，並再次強調你的結論。**所以，職場寫作是一種說服性寫作，佔據了工作中的絕大部分。**

重點2 職場上，「邏輯強」正是贏過別人的關鍵

為了讓各位更具體地理解何謂有邏輯的文章，接下來我們將分析一些缺乏邏輯的文章，並由點至面列出三大問題：

（1）概念模糊、觀點不明確，無法向他人表明自己的主張。

(2) 語句之間缺乏邏輯，前文不搭後文。

(3) 全文布局混亂、結構鬆散，毫無章法可循。

沒有邏輯的方案往往會遭到質疑或駁回，在不停修改的過程中，會降低溝通效率、增加時間成本。所以，我們寫文章時，必須注意整篇文章的結構，包含開頭、內文和結尾，讓彼此之間互有關聯，盡量避免出現矛盾與衝突。

英國哲學家伯特蘭・羅素（Bertrand Russell）曾說過：「一切哲學的問題經過分析以後，其實都是語言問題，而語言問題歸根究柢是邏輯問題。」由此可見邏輯的重要性。

重點3 報告做得再好，沒在時效內完成就是OUT！

「下午3點前，把報告放我桌上」、「明天下班前，我要收到你的提案」，各位是不是覺得這些對話很熟悉？此外，如果過了很多天才交出公司舉辦活動的報導、會議紀錄等文件，可能就會被上司臭罵一頓。寫作雖然僅是工作中的一個環節，但它特別重要，且與其他任務環環相扣，若寫作水準不夠高，將會影響整體的工作效率。

《功夫》電影中有句台詞：「天下武功，唯快不破」，速度就是決勝的關鍵，當然也包括寫作速度。老闆、客戶沒有時間等你，所以準確、有效率地寫出文章，才是職場所需要的人才。如果將時間都花費在寫作，可能必須加班才能完成所有工作。

3 從董事長到菜鳥，都該學的職場必殺技——結構思考力框架

無論是管理者、基層員工，還是技術人員、銷售人員，都亟需提升寫作能力。經常有企業管理者問我們：「有沒有專門針對職場寫作的課程？」於是，我們運用結構思考力的核心理念與方法，開發出「結構化寫作」課程，透過工作上常見的四種寫作方法和技巧，幫助學員提高商務寫作的能力。

「結構化」聽起來困難，實際上……

文章的結構就是內容中各個要素的搭配與組合，可視為文章的骨架，反映寫作者分析、思考的路徑。一篇結構優秀的文章，會具有框架清晰、邏輯強、主題突顯、觀點明確等優點。相反地，如果結構不佳，就會呈現出思緒混亂、主題不明、毫無邏輯等缺點。

所謂「結構化寫作」，就是將結構思考力的方法和步驟，運用在工作上的寫作方式，讓使用者能快速梳理寫作思路、建構文章框架，並更有效率地組織資訊和素材，形成重點明確、有邏輯、層次分明的報告或專案。

著名的美學家朱光潛於〈選擇與安排〉一文中提及：

> 在作文運思時，最重要而且最艱苦的工作不在搜尋材料，而在有了材料之後，將它們加以選擇與安排，這就等於說，給它們一個完整有生命的形式。材料只是生糙的鋼鐵，選擇與安排才顯出藝術的錘鍊刻劃……變遷了形式，就變遷了內容。

朱光潛所說的「形式」，與結構有異曲同工之妙，同樣適用於職場寫作。其實，寫作的重點不在詞藻優劣，而是用精準且有效率的表達方式，讓對方接收到你想表達的核心思想。當你面對大量的素材時，經常不知道如何將它們組織起來嗎？你需要的就是「結構化寫作」，它將成為精煉與組織素材最有效的方式。

下筆前最重要的準備工作：順順你的腦袋

結構思考力是一套將思考方式系統化的方法，其核心理念是「透過結構看世界」。其中蘊含「理解－重組－呈現」三個層次，是最基礎的方法論，也是一種思維框架。

總而言之，結構思考力秉持著「只有改善思考品質，才能從根本上提升以邏輯思維為基礎的其他能力」，透過系統性的方法及工具，幫助人們改善思維、提高思考能力。因此，此寫作課程的基礎是讓職場人士反思自己固有的思考、邏輯結構，學習將邏輯結構化，進一步運用於書面表達，也就是將主題整理清楚，才能在寫作時語句通順、邏輯清晰。

牢記口訣，你就能成為專家！

有很多職場人士不喜歡、不擅長寫作，這是一種惡性循環，會讓我們的寫作能力原地踏步。要解決這個問題，你得選擇一套適合自己的寫作方法，才不會弄巧成拙，而結構化寫作將會是強而有力的武器。

我們將在後面的「方法篇」，針對四種職場寫作的類型──傳遞資訊、總結工作、說服他人、彙報方案，進行分類與說明。其實，在實際工作中，這四種類型沒有特別清晰的分界，在相同主題下，可能會涉及不同目的，例如：你向客戶推薦一款產品時，首先必須清楚地描述與說明產品本身，接著說服客戶認可這項產品，必須併用「傳遞資訊」與「說服他人」兩種技巧。

分類出上述四種類型是為了強調：**基於不同的目的，需要採用不同的寫作方法**。讀者只要找出最恰當的方法，就能快速寫出一篇文章，同時讓文章更有說服力，實現所期望的目標。

另外，無論是表達、溝通，都要建立「**先框架後細節，先整體再局部**」的思維模式。下筆前，不妨先構思文章布局，建立清晰合理的結構，並釐清思路，再將素材編輯進來，然後完成寫作。

此外，很多人經常對提案、報告等寫作方向毫無頭緒，主要有兩項原因：其一，無法正確理解問題，在這種情況下寫不出文章很正常；其二，理解問題後，不知道怎麼表達才能讓對方接收到正確訊息。這些困擾都是因為缺少有效的思考框架。

結構化寫作正好能提供極具實用性的寫作方法與思考框架，只要照著步驟做，就能快速且有效率地完成一篇結構化、邏輯性極佳的文案與報告。

重點整理

- 「聽、讀、說、寫」是職場人士的四種核心競爭能力，尤其是說和寫的「輸出」能力，有助於爭取到「話語權」。
- 當你與所有競爭者條件旗鼓相當時，唯有思維敏捷、能言善辯者，才能脫穎而出，成為領導者提攜的首選。
- 若以冰山比喻，寫作能力是位於水平面上的表面技能，而影響寫作的深層因素取決於思維水準的高度。
- 職場寫作是為了分析、解決問題，你向對方展現的不僅是文筆，還有你對事物的理解、分析問題的思路，以及工作態度。
- 職場寫作不是為了抒發個人情感或說出感人故事，它在形式與內容上有明確的方向與目標，以及嚴格的時間限制。
- 職場寫作的終極目標是「說服」對方認可自己的觀點，或做出自己期望的答覆或行動，它佔據工作中的絕大部分。
- 英國哲學家伯特蘭・羅素說過：「一切哲學的問題經過分析以後，其實都是語言問題，而語言問題歸根究柢是邏輯問題。」
- 改善思考品質，便能從根本上提升以邏輯思維為基礎的其他能力。無論是表達、溝通，都要建立「先框架後細節，先整體再局部」的思維模式。

基礎篇

掌握四原則，無論溝通、寫作，都能精準到位！

職場上不能犯的四個溝通問題

結構化寫作有四個必須遵守的基本原則——論、證、類、比。我們用下述案例加以說明：W公司的人力資源部總監李明楊（以下稱HR李）剛打開電腦，就收到一封來自國際事業部張創（以下稱國際張）的e-mail。

李總，您好。我是國際事業部的張創。去年10月中旬，人力資源部曾要求各部門上報2019年的大學生招聘計畫。由於我部門的業務很特殊，求職者須有較高的英語水準，且具備一定的專業知識，所以我們認為在大學內招聘到人才的難度較大。此外，由於我們公司的薪資水準較低，即使招聘到人才也很容易流失，而且過去幾年的流失率竟高達74%。為此，國際事業部曾多次召開會議，並初步達成如下共識：公司需要制訂中長期的人才規劃，以吸引並留住優秀人才。但是，該如何操作尚無具體方案，不知您有沒有什麼意見和想法，請盡快告知。

HR李精通人力事務。他稍微思考後，回覆了國際張：

張創你好。針對你提出的問題，我將採取以下措施。首先，我會派人去國際事業部調查流失人員的情況，並深入分析原因。接著，我會安排人做一份同業薪資水準的調查，對比國際事業部的薪資水準狀況。

關於人才流失的原因，我會派人與流失人員面談。還會草擬一份適合公司特點的中長期人才規劃，當然，在這之前我們會到國際事業部聽取意見。對於員工培訓的管理規劃會進一步改善，並更加側重英語的培訓。

> 另外，我們會與財務部門溝通，了解公司的薪資水準承受能力，評估國際事業部員工提升薪資的可能幅度。關於國際事業部對招聘在校學生所面臨的困難與疑慮，我們考慮適當擴大招聘範圍，制訂新的招聘制度。
>
> 總之，我們會從「選、育、留」三個方向著手，幫助國際事業部吸引並留住優秀人才，並逐步建立吸引員工、留才的制度，一步步來吧。

請試想，若你是國際張，看完HR李的這封e-mail後，會有什麼感想？

多數人看完HR李的郵件可能產生兩種感覺：①結構不清晰，資訊非常零散且缺乏條理，讓人抓不到重點；②記不住，看到後面已經記不起前頭的內容了（何況是根本看不下去）。

如果周圍的主管與同事都用這種方式向你傳遞訊息，你一定會感到非常痛苦。你覺得怎樣才能讓國際張看完不抓狂，又能快速理解、記住你想表達的主旨呢？請將你的答案寫下來：

先別急著往後尋找答案，因為在學習過程中，思考及分析的過程遠比標準答案更重要。現在，我們針對這封e-mail的4個問題進行探討。

問題1 為什麼無法快速抓取e-mail中的重點？

HR李在這封e-mail中，既有各種詳細、具體的措施，也有人方向的安排。他使用到關鍵字「總之」，代表此信的結論，也就是從「選、育、留」三個方向著手，但這麼重要的資訊，他卻到最末段才寫出來。這種表達方式，反映出大多數人的溝通習慣：①說話喜歡鋪陳、兜圈子；②不直接說重點，而是習慣先說枝微末節的具體事項。

這就是為什麼我們經常聽見「有話直說」、「說重點」這些話，因為聽半天也聽不出個所以然，不知道對方想表達什麼觀點，有什麼目的。

在分秒必爭的職場上，一切都以效率為主，用這種方式表達只會拖延團隊的工作。所以，**我們應該開門見山地表明來意，明確告訴對方自己的核心觀點或主旨，才能提高溝通效率、強化工作績效**。

問題2 為什麼這封e-mail看來如此雜亂？

HR李實際上在信中一共說了8條措施，這些資訊之間沒有明確的邏輯，最關鍵的原因就是缺乏分類，與其說是寫e-mail，不如說是「資訊條列」，缺乏更深層的處理和加工。他在結語中將內容分為「選、育、留」三類，但8條具體措施並沒有和這三類內容有明確的對應，布局才顯得如此混亂。

就像我們整理衣櫃時，都會按照種類或顏色擺放在不同的地方。分類可以讓人們發現不同資訊間的內在關聯，使資訊更容易被理解和記憶，是處理複雜資訊時，最有效的方法之一。心理學家早就證實，比起混亂的事物，人們更喜歡記憶有規律的資訊。

問題3 為何會記不住這封e-mail的內容？

透過「問題2」的分析，我們知道分類可以讓內容更清晰。那麼，是不是分類好就可以了？來看看以下例子：

蘋果	豬肉	大豆
香蕉	牛肉	蠶豆
梨子	羊肉	豌豆
葡萄	魚肉	綠豆
草莓	雞肉	紅豆

很明顯地，上面的表格是清晰且準確的分類，從左到右分別是：水果類、肉類、豆類。但如果只寫出這張表，沒有其他資訊，讀者一定會有很多疑問：這張表想表達什麼？這些食物很好吃？很營養？

你發現了嗎？此表格缺少總體的說明，所以無法讓人理解它要傳達什麼訊息。如果把每個分類都加上資訊，看看有何變化：

我喜歡吃這些水果	我只吃這些肉	這些豆類的營養價值很高
蘋果 香蕉 梨子 葡萄 草莓	豬肉 牛肉 羊肉 魚肉 雞肉	大豆 蠶豆 豌豆 綠豆 紅豆

加上分類資訊後，一眼就可以理解表格的分類依據。然而，在實際工作中，我們想傳達的資訊往往比上面的表格複雜百倍，或許只有當事人才懂為何要這樣分類。所以，總結這些分類，形成明確的依據，對方才能理解訊息之間的關聯。有了明確的分類依據，更能輕易記住核心觀點，從而和細節有所聯繫、加強記憶。

問題4　為什麼這封e-mail缺乏條理？

這封e-mail涉及薪資、培訓、人事規劃、招聘等訊息，但在沒有分類的情況下，整封信呈現出來的感覺就是「亂」。著名作家葉聖陶說過：「思想是有一條路的，一句一句，一段一段，都是有路的，好文章的作者是絕不亂走的。」因此，我們應該為這些零散的資訊，建立起合理的規律、突顯重點，在層次之間做出區隔，並有條理地排序內容，更有助於記憶。

我們總結HR李在這封e-mail中的4個問題：

(1) 每一次表達，都要有明確的觀點或結論，且在文章一開頭就明說。

(2) 如果內容包含很多資訊，一定要「分類」。

（3）資訊分類好後，必須對它們做總結、寫出分類依據。

（4）排列各個類別資訊，使內容讀來規律、有條理。

找出HR李郵件失敗的原因及解決方法，重新整理一遍這封信的內容：

張創你好，我將安排人查明原因，並從「選、育、留」三個方向制訂新措施，協助國際事業部吸引並留住人才。

「查明原因」主要做兩件事：其一，調查流失人員的情況；其二，與流失人員面談。

從「選、育、留」三方面制訂新措施，具體如下：

▶選：改善招聘現狀，提高招聘效率。

■ 適當擴大招聘範圍。

■ 制訂新的招聘制度。

▶育：加強培訓管理和培訓的目的性。

■ 修改、完善員工的培訓規劃。

■ 重點培訓英語能力。

▶留：提升員工薪資、建立評鑑機制。

■ 調整薪資水準，增進公司在業界的薪資競爭力。

■ 建立長效規劃與機制，留住人才。

一經比對就能發現，整理後的郵件視覺上比較清爽，重點明確且層次分明。可見即使是同樣的資訊，用不同的表達方式，就有完全不同的效果。

有位學員這麼評價他的主管：「和我的主管共事，不管多麼複雜的問題，只要經過她的邏輯梳理，就能快速簡化為幾個重點。彙報工作時，她也只要幾句話就能溝通完畢。」正如學員所說，清晰的訊息表達背後，需要強大的思維能力支撐。那麼如何擁有結構化的思維能力呢？

其實，在我們修正e-mail的過程裡，就已經運用了結構思考的能力。整理後的e-mail變得有條理，正是因為背後隱藏結構，如下圖：

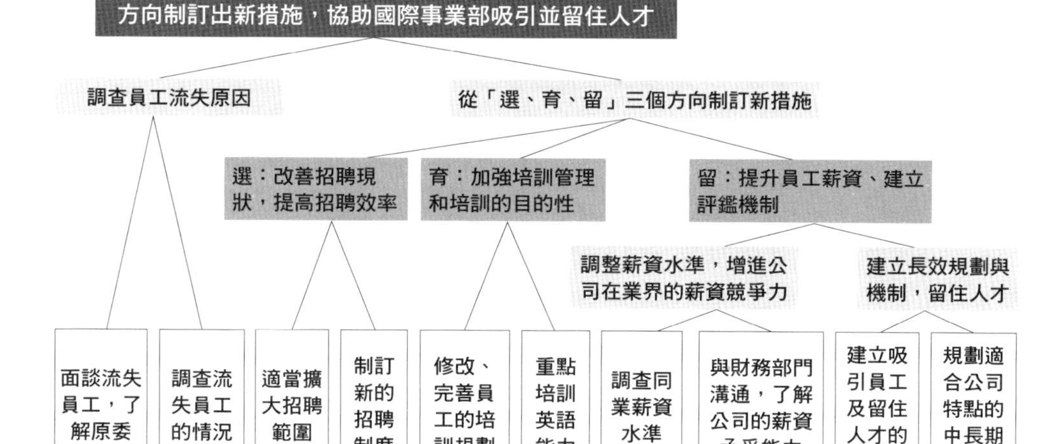

這個組織架構圖看起來像一座金字塔，位於頂端的是HR李要表達的核心觀點與思想，再由橫向與縱向的結構一層層向下分析。如果我們在分析問題或表達時，能在腦中快速建立起這樣的結構，短時間內把事情想清楚、說明白，溝通便會更順暢。

在e-mail的案例中，針對四個問題，得出四個答案。其實，這些答案正好對應「四種標準」，分別是：

（1）結論先行：表達時只針對一個核心觀點或中心思想，將結論放在文章的開頭。

（2）以上統下：每個上層「結論」，是對其下層資訊的概括和總結；每個下層「資訊」則是對上層結論的解釋與說明。

（3）歸類分組：按照一定的標準分類，相似或有關聯的資訊歸納在同一個邏輯範圍之下。

（4）邏輯遞進：同一邏輯範圍內的資訊，按照一定的邏輯順序進行排列。

這四種標準就是結構思考力的核心原則，只要按原則寫作，就能完成結構化的思維框架，進行高效率的溝通、表達，以及問題分析。為了幫助記憶，我們將它簡化為：**論、證、類、比**。

論——對應「結論先行」，強調表達時要有清晰、明確的結論。

證——對應「以上統下」，強調上下層級間的論證關係。

類——對應「歸類分組」，強調分類的重要性。

比——對應「邏輯遞進」，強調同一層次的資訊要進行比較，確定順序。

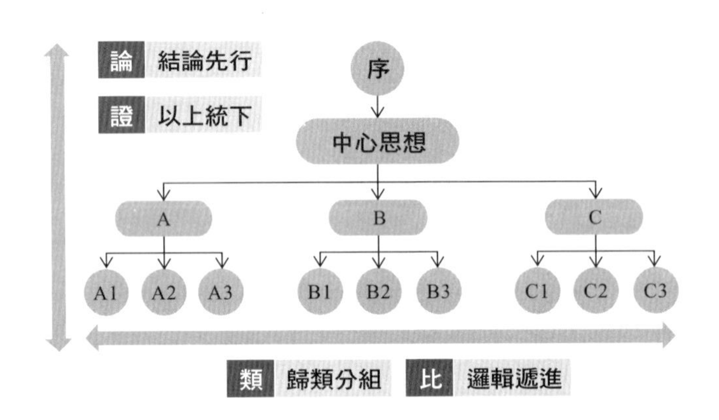

縱向的「結論先行」、「以上統下」，著重於上下層級之間的關係；而橫向的「歸類分組」、「邏輯遞進」，則著重在同一層次資訊要素之間的關係。透過這縱橫交錯、相輔相成的四個原則，我們才能建構起立體化的思維模式。

只要在分析問題、溝通表達時運用這個標準，就能組織出全面、有條理的「橫向系統」，以及清晰明確、有層次的「縱向系統」。最終得以想明白問題、清楚傳遞資訊。

接下來將深入探討這四個基本原則，看它們如何能幫助我們寫作。

原則 1

論：結論先行

表達時只針對一個核心觀點或中心思想，將結論放在文章的開頭。

問題1 什麼是「結論」？

辭典裡對「結論」一詞的解釋有兩種：①依據已知的前提或假設的原則，所推得的論斷；②泛指對某種事物所下的最後論斷。

從邏輯學的角度來看，結論必須有一定的前提，經過推論後才能得到結果，也就是對事物下總結，此定義正是上述兩種解釋的匯總。

從哲學的觀點來看，結論（結果）是相對於有其一定的條件（原因），「結論（結果）」與「條件（原因）」二者互為因果關係。

我們用下圖來解釋：「框2」中形成的「結論B」，從「框1」來看，可能就成為另一個結論（中心思想）的條件。如此看來，結論是一種相對的概念。

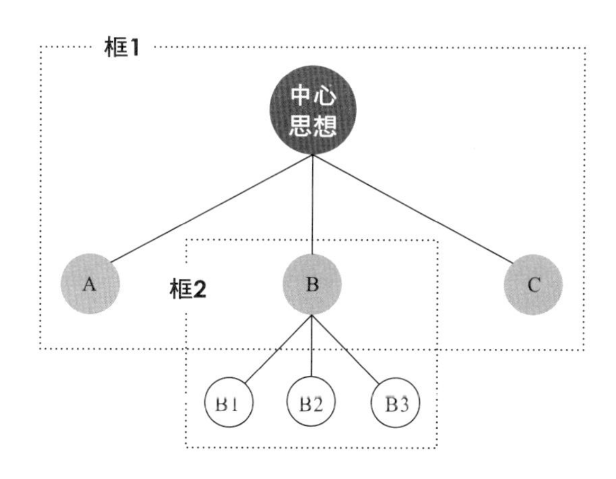

接著，看看英語裡如何解釋「結論」這個詞。結論的英文是 conclusion，

牛津辭典中有兩種解釋：①考慮所有與情況相關的資訊後，所得出的決定；②經過思考所得出的立場、意見或判斷。

現在，我們嘗試對「結論」下個更完整的定義：在一情境中（或基於某種前提、假設），充分思考相關資訊，且經過某種形式的推論後，所得出的明確立場、態度、見解、主張或觀點上的總結性論斷。

換句話說，當對方得知你的結論，就能清楚明瞭你的核心思想，而無論說了多少細節內容、採用何種論證形式，都是為了解釋這個核心思想。再一次強調：**結論是相對的概念，金字塔結構中的上層資訊必須是下層資訊的結論。**

若要做到嚴格的結構化，必須完成兩件事：①金字塔結構的「最底層」必須是客觀的事實及資訊，而「上層」的每一層都應該是結論；②「最頂層」的核心思想是概括層層結論後形成的總結。

日常溝通時，為什麼對方總是不理解我們想說的話？其中一個原因是：連我們都不確定自己想表達的結論，導致總是想到哪說到哪，毫無章法可循，讓對方摸不清頭緒。

問題2 為什麼結論要「先行」？

職場寫作有其特殊性，與文學創作完全不同。寫小說的目的是不斷地製造懸念，吊足讀者的胃口，給人意外的驚喜或新鮮感，所以結論往往放到最後，才能吸引讀者看下去。

職場寫作卻恰好相反，是為了說明某件事情，或傳遞、提供重要的資訊，行文必須精確、直接，才能讓老闆、同事、客戶或部屬迅速了解狀況。

不只是工作上需要「結論先行」，在生活中也可充分運用，舉一個生活中的例子：

> 老公，你出去的時候能不能幫我一個忙？如果有搭捷運，你就坐淡水信義線到雙連站，二號出口上去後往左手邊。在第一個十字路口的左手邊，有個市

場。正門進去右手邊有一家滷味店，你能幫我買幾隻豬腳回來嗎？

聽完這番話，丈夫肯定非常無言。生活尚且如此，何況是職場。「結論先行」的優點在於**增強說服力**。第一時間先了解核心觀點，再解說細節面，這有利於引導目標對象，朝你預期的方向思考。

否則，丟出一堆瑣碎細節，對方只能邊看邊猜測你的意圖。這樣容易產生兩種結果：對方猜煩了，一怒之下拒看拒聽；或者自己總結出一個完全不同的結論，在被你說服之前，就已經抱持不同意見。無論哪種結果，都不利於你達成最初寫作、彙報的目的。

原則 2 證：以上統下

最上層的結論，是對下層資訊的概括和總結；下層資訊則是對上層結論的解釋與說明。

「以上統下」實際上有三個面向：

（1）概括：不能僅是列出資訊，還要根據資訊得出結論。

（2）論證：有了明確的觀點，還要給出充分的理由和依據來支持觀點。

（3）對應：上下層之間要有嚴謹的對應關係，不是各說各話。

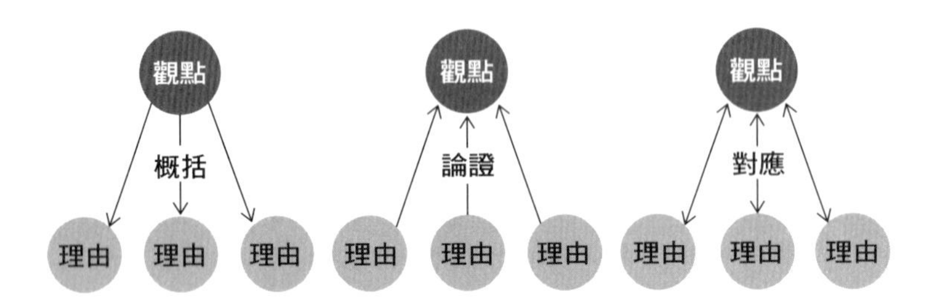

概括　「以上統下」是高效的體現

什麼是「概括」？我們從三個角度來分析：①從認知的角度來看，它是站在比較高的層級上，判斷出某類事物的共同本質、特徵及發展規律；②從思維的角度來看，它是從個體到普遍、從具體到抽象；③從表達的角度來看，它是以簡馭繁、化繁為簡的語言運用過程。

本書談寫作，其中論及的概括主要是從表達的角度而言。概括是一項非常重要的能力，它使你**發現資訊（素材）的共同之處，並將它們歸納在一起，再用簡明扼要的語言表達出來**。

學校的國文課上，老師經常訓練我們的概括能力，有助於迅速把握文章的主旨、有效獲取資訊。既然如此，當我們進行書面寫作時，可以運用概括的能力，濃縮繁雜的資訊，讓對方理解我們想表達的意思。以下用歐陽修的例子，來說明概括的好處：

歐陽修在翰林院工作時，經常和同門到外面遊玩。某天，有匹脫韁的野馬踩死了一隻狗。歐陽修說：「大家不妨試著說說看這件事情。」

某個人說：「有隻狗躺在四通八達的道路上，被脫韁的野馬用蹄子踩死了。」

另一人說：「有馬在街道上狂奔，有隻躺著的狗被牠殺死了。」

歐陽修說：「要是讓你們撰寫史書，恐怕一萬卷也寫不完。」

於是兩人便問道：「那麼你會怎麼記載這件事呢？」

歐陽修說：「逸馬殺犬於道。」說完，大家相視而笑。

Tips：這個故事告訴我們，語言的目的是傳遞訊息，應該精煉簡要，而不是刻意堆砌文字。

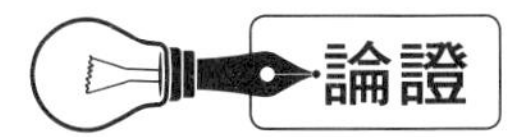

「以上統下」是強大邏輯思維的體現

什麼是「論證」？簡單來說，論證就是說理的過程，也就是拿出理由去支持或反駁某個論點。完整的論證必須具備三個核心要素：**論點、論據、論證方式**。從邏輯學的角度來看，論點、論據都是由概念組成的命題，而論證方式則是命題之間的推理。一個人說話是否有邏輯，只要觀察他對一個觀點的論證過程是否嚴謹合理，便可略知一二。

作家徐賁在《明亮的對話》一書中提到，在美國從小學到大學，都必須修習公共說理課。課堂上會進一步要求學生的「說理評估能力」——評估說話者在表明其結論和立場時，所使用的論據是否適當、確切及相關。

另外，美國的「學術水準測驗考試（SAT）」規定，想在作文試題獲得滿分，評分標準之一是有效且富有洞察力地統整自己的觀點，表現傑出的批判性思維，清晰地使用適當的事例、推理，以及其他證據，證明自己的立場。

2016年春季，SAT更改測驗的科目與形式，將批判性閱讀改為「證據性閱讀」。選出選項後，要在文中找出依據，更強調言之有據的重要性。

戰國時期的墨子早已強調「論證」的重要性，他是中國古代邏輯思想體系的重要開拓者之一。《墨子・小取》中有段文字「以名舉實，以辭抒意，以說出故」，意思是用名稱反映事物、用言詞表達思想、用推論揭示原因。這番言論正好是邏輯學中的概念、命題、推理，也是墨子所概括的思維方法。

「思維」的目的是探求客觀事物間的必然聯繫，以及反映這種聯繫的形式，並以「名（概念）」、「辭（命題）」、「說（推理）」表達。

以下從三個面向來衡量「論證」：

（1）邏輯：論證是否符合基本的規範，是否為「有效」的邏輯。

（2）辯證：論證是否全面，能從不同角度、立場上思考問題。

（3）修辭：論證屬於一種交流形式，重點在於是否能透過論證說服對方接受自己的觀點。

對應 「以上統下」是嚴謹的體現

論證過程中，有個非常容易受忽略的致命點，那就是「上下對應」。要做到上下對應，論點和論據必須保持一致，二者要立基於同個邏輯規範內，也就是要有統一性，關於這點古代軍事家孫武為我們做了一個良好的示範。以下是《孫子兵法・始計篇》中的一段：

> 兵者，國之大事，死生之地，存亡之道，不可不察也。故經之以五事，校之以計而索其情：一曰道，二曰天，三曰地，四曰將，五曰法。
>
> 道者，令民與上同意也，故可以與之死，可以與之生，而不畏危。天者，

陰陽、寒暑，時制也。地者，遠近、險易、廣狹、死生也。將者，智、信、仁、勇、嚴也。法者，曲制、官道、主用也。

凡此五者，將莫不聞，知之者勝，不知者不勝。

以金字塔結構圖呈現，如同下圖所示：

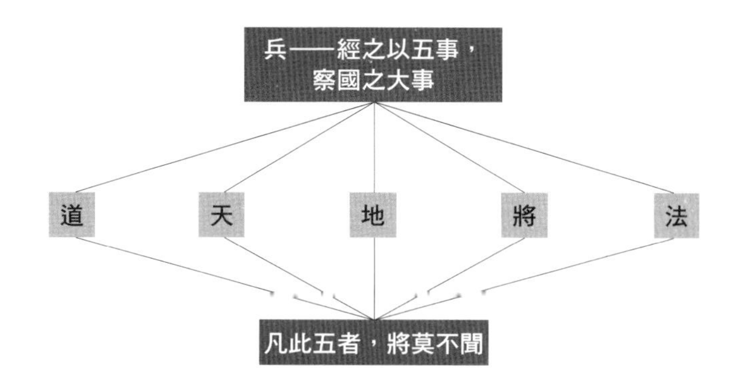

孫武首先提出明確的觀點：戰爭是國家大事，不能不慎重縝密地觀察、分析、研究；接著從「道、天、地、將、法」五個面向分析，並逐一論述；最終提出總結：將領必須深刻了解此五個面向。大家可以思考一下，哪怕看不太懂文言文，但在孫武結構清晰的布局下，多少能猜出他大概想說什麼，因為**形式會影響內容**。

我們再練習一個金字塔結構的案例：

風險管理的三大工具

- 風險與控制自我評估（RCSA）
- 關鍵風險指標（KRI）
- 作業風險損失資料收集（LDC）
- 三大工具之間的關係
- 三大工具的用途

按照以上資訊的層次關係，我們用金字塔結構圖來表示：

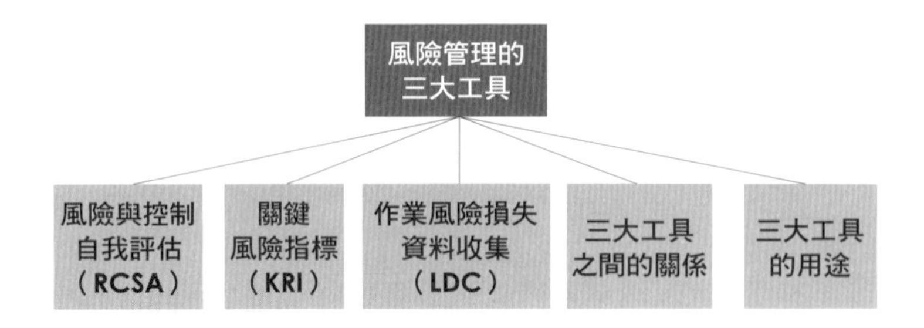

如果文字敘述不容易看出問題，那麼透過上圖，相信大家很快就能找到問題所在了。金字塔的頂端是「風險管理的三大工具」，大家會對其用途一頭霧水，這就是一個模糊的觀點。「RCSA、KRI、LDC」正是所謂的三大工具，後二項則分別是三大工具的關係及用途，顯然它們不是屬於同個層次。所以稍微修改一下原本的內容（此處先暫且不考慮沒有結論的問題）：

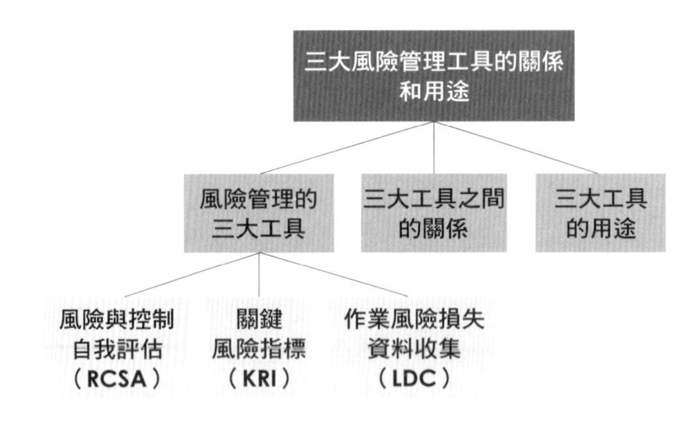

對照前後的內容會發現，之前由於概念層次錯放，無法準確顯示資訊之間的關係，容易讓讀者感到困惑，而且不利於記憶與理解。

簡單的內容，很快就能發現問題，但如果內容較複雜，字面上又隱諱，就很容易誤導讀者，而不利於傳達資訊。我們一再強調，寫作能力是思維水準的體現。從以上案例可以看出：如果寫文章時可以做到嚴格地上下對應，最終一定會表現出資訊之間清晰而合理的層次關係。

原則 3 類：歸類分組

按照一定的標準分類相似或有關聯的資訊，並歸納在同一邏輯範疇之下。

何謂分類？簡單地說，就是根據物件的屬性、特徵、共同點與不同點，將物件劃分為不同的種類。「類」是本質相同或相似事物的集合，要對其做「分」的動作，就需要進行鑑定、描述、命名，才能算是一個完整的分類過程。我們可以從兩個面向來看待分類：①區分雜亂無序的事物；②賦予不同的類別穩定而概念化的名稱。

現代管理學之父彼得・杜拉克（Peter F. Drucker）有個過人之處，就是能迅速命名模稜兩可的事物。舉例來說，「管理（management）」一詞早就存在，但杜拉克是第一個將「企業系統化經營」定義成「管理」的人。由此可知，進行命名時，重點不在於追求特立獨行、標新立異，而是簡潔有力地表述事物的本質。所以，若想提升自我的思維能力，可以從練習分類開始。

好處 1　分類使思考更清晰

自古就有「分類」的思想，甚至可以說人類的「認知」是從學習識別事物、分類事物而開始建立的。像是盤古的傳說，就建立在分類的基礎之上：相傳最原始的世界是一團混沌的狀態，直到沉睡多時的盤古甦醒，以斧頭開天闢地，才創造了世界，而天與地就是最原始的分類。

曹植於《遷都賦》中寫到：「覽乾元之兆域兮，本人物乎上世。紛混沌而未分，與禽獸乎無別。椓蠡蜊而食蔬，摭皮毛以自蔽。」當人們逐漸意識到自身與動物、植物的不同，這才區分出「人類」這個類別。

美國作家羅伯特・席爾迪尼（Robert B. Cialdini）在《影響力》（*Influence*）

一書中提到，人們有一種「固定行為模式」，此模式同樣建立於分類的基礎之上，讓我們有效率地應對複雜的社會環境，並根據少數事物的關鍵特徵，區分出事物。分類最根本的作用，就是將看似雜亂無章的事物進行區分，使原本混亂的狀態變得清晰，進而達到系統化、條理化的狀態。

若從資訊處理的角度看，分類好比在腦中創造一個個資料夾，按照分類去儲存我們的資訊和知識，使得檢索資訊變得容易，思考更清晰、順暢。

好處2 分類使記憶更輕易

完整的分類過程包括：劃分事物、為類別命名，這是種簡化的過程。簡單來說，就是將大量零散、雜亂的資訊分類為少量的類別，並透過抽象概括，形成對應的類別名稱。分類完畢後，各個資訊會因為分類而形成關聯，並呈現出規律，而類別的名稱也可以成為記憶零散訊息的線索。

如此一來，我們記憶這些碎片化的資訊時，便有更系統化的路徑，記憶起來相對更輕鬆。同樣地，當我們向他人表達、傳遞大量資訊時，為了讓對方快速理解，需要對資訊進行分類，畢竟人類的短期記憶是有限的。

美國心理學家喬治・米勒（George A. Miller）對短期記憶進行研究，並於1956年發表了研究論文《神奇的數字7±2》，這篇論文指出：人的短期記憶廣度為7±2個資訊項，也就是人們能記住的訊息量最多9個，少則5個。

但後來有研究者認為，米勒的研究高估了人類的記憶廣度。因為實驗中，受測者能夠利用其他資訊源來完成任務，例如：回聲記憶[3]。在排除其他資訊源的干擾後，研究者估計人類的實際記憶量只有5±2個，也就是人們最容易記住3個資訊。

日本廣告企畫的先驅八幡紕蘆史，在其著作《學會3的神邏輯，溝通不再

3 「回聲記憶」比影像記憶儲存的時間長，因為聲音是隨著時間逐步傳達至大腦。例如：當你聽到一句話的時候，聲音是一個接一個地到達耳朵。回聲記憶有助於將訊息組合成整體。另外，此種記憶方式有個特徵：容易被新的訊息取代。

有廢言》裡提到「3個資訊更容易被記憶」，其中一個說法是「3」帶來充足、創造、安定的力量。

日本精神科醫師樺澤紫苑，在其著作《高材生的讀書術》中也提到，當人們興奮時，大腦會分泌出多巴胺，它可以提高我們對事物的興趣，也能強化記憶力。總之，分類有助於讓思考變得更清晰、事情看得更清楚，還能增進溝通能力，使對方更易於理解及記憶。

原則 4 比：邏輯遞進

同一邏輯範疇內的資訊，必須按照一定的順序進行排列。

我們在溝通和表達上保持有序，是為了更有條理地講出想法，同時幫助對方理解我們想傳達的內容，而分析和解決問題時，也同樣需要有序。解決問題的基本順序是：發現問題、分析問題、找出原因、制訂解決方案、評估效果。

問題1 為什麼一定要「有序」？

我們從小就生活在各種順序中。國文課上，老師教的各種文體皆自成一套寫作順序；數學課上，每道計算題都遵循其運算順序：先乘除、後加減；歷史課上，按照歷史事件的發展順序學習；化學課上，背過的元素週期表——遵循固定的順序，是人們認知上的習慣。

無論教育還是生活中，我們透過各式各樣的順序認識這個世界，所以與人溝通時必須使語言遵循人們認知的順序，才能夠讓對方精準理解自己的觀點與思想。

問題2 為什麼人們會接受這些順序的存在呢？

系統思想家唐內拉・梅多斯（Donella H. Meadows）提出「系統思考」理論，把系統分為三大點：要素、要素之間的關聯、系統表現的功能（或目標）。

從系統的角度來看，順序正好反映出要素之間的關聯，當關聯之間呈現出某種規律，系統就是有序的。總之，**無論文字或溝通，若能遵循既定的順序去組織想表達的內容，溝通起來會更順暢。**

結語：四原則之間的關係

「結論先行」、「以上統下」著重在上下層間的縱向關係；「歸類分組」、「邏輯遞進」則著重於同一層級之間的橫向關係。

接著我們進一步分析，在金字塔結構中，結論是由各個資訊層層概括而形成，而概括是找出共同屬性的過程。要找出共同點，就必須對資訊準確地歸類分組。這時，縱向系統已有清晰的層次結構。

下一步是運用「以上統下」，梳理上下層級之間的關係，讓整個框架更加嚴謹且富有邏輯。最後，再利用「邏輯遞進」統整各組的關聯及其內部資訊，讓它們按照一定的規律有序地排列。這四個基本原則，是相輔相成、辯證統合的關係。

重點整理

- 「結構化寫作」有四個必須遵守的原則——論、證、類、比。

  論——對應「結論先行」，強調表達時要有清晰、明確的結論。

  證——對應「以上統下」，強調上下層級間的論證關係。

  類——對應「歸類分組」，強調分類的重要性。

  比——對應「邏輯遞進」，強調同一層次的資訊要進行比較，確定順序。

- 「結論先行」、「以上統下」著重在上下層間的縱向關係；「歸類分組」、「邏輯遞進」則著重於同一層級之間的橫向關係。
- 第一時間了解核心觀點，再解說細節，有利於引導目標對象朝你期望的方向思考。
- **多數人溝通的壞習慣：**①喜鋪陳、兜圈子；②先說枝微末節的具體事項。應該直接表明來意，說出自己的核心觀點，才能提高溝通效率。
- 「分類」讓人們發現不同資訊間的內在關聯，使資訊更容易被理解和記憶。
- **金字塔結構**——

  ①「最底層」必須是客觀的事實及資訊，而每一個「上層資訊」必須是「下層資訊的結論」。

  ②「最頂層」的核心思想，是概括層層結論後形成的「總結」。

方法篇

學會這四種方法，
從此在職場無往不利！

1 清晰傳遞資訊：短時間內快速組織資訊並有效傳遞

工作中，我們常需要在短時間內快速寫完一封e-mail或一份報告，但往往會出現兩種尷尬的狀況：第一，大腦毫無頭緒，不知如何下筆；第二，洋洋灑灑寫了一大篇，結果被老闆駁回，或被客戶說看不懂。為了避免上述狀況，我們應該尋找方法，幫助自己快速建立寫作框架、組織資訊，才能清晰地向老闆、同事、客戶傳遞訊息，準確表達自己的觀點或想法。

接下來，以書籍來舉例。每一本書，都是作者向讀者傳達觀點與資訊的管道，過程如下：

（1）書名：若把整本書看作一篇文章，那麼書名就是文章的標題。

（2）序：分為自序、推薦序。自序是作者想告訴讀者的訊息，包含寫作的目的與宗旨；推薦序則是推薦人講述此書的優秀之處。

（3）目次：為整本書的骨架，可看出此書大綱。

（4）核心內容：以章節做區分，詳細講述細節資訊。

按照上述過程，我們可以總結出透過寫作傳遞資訊的方法。首先，設計一個準確的標題；接著寫一段序言，介紹背景資訊；最後搭建起內容框架。三步驟可以讓你快速釐清思路，短時間內完成高品質的書面內容（見下圖）。

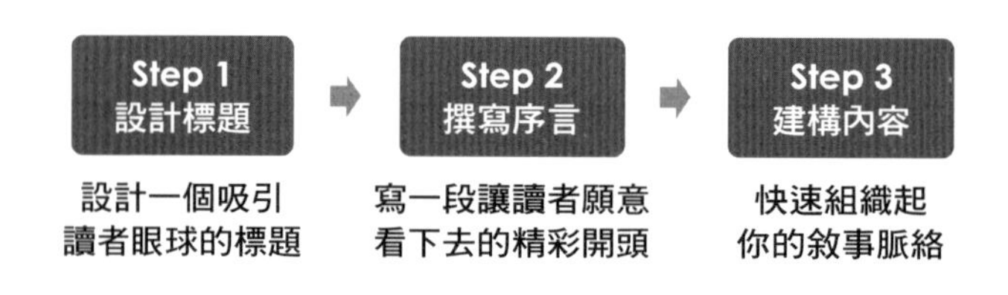

Step1 設計標題：設計一個吸引讀者眼球的標題

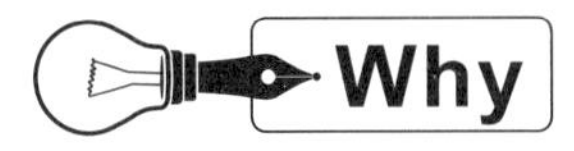

這是一個搶奪「注意力」的時代

諾貝爾經濟學獎得主赫伯特・賽門（Herbert A. Simon），曾在預測當今經濟發展趨勢時，犀利地指出：「隨著科技的發展，有價值的不再是資訊，而是『注意力』。」此觀點被資訊科技界和管理界描述為「注意力經濟」。

在內容氾濫的年代，勝出的關鍵就是與他人搶奪「注意力資源」。俄羅斯教育家康斯坦丁・烏申斯基（Konstantin Ushikany）曾精闢地分析：「注意力是心靈的唯一門戶，意識中的一切，必然都要經過它才能進來。」從這個角度來看，**搶奪注意力是為了讓自己的某種觀點和思想，在對方的大腦裡佔有一席之地**。

搶奪注意力並非網路紅人才要做的事。身在職場的你，同樣需要爭奪老闆、主管的注意力，才有機會升職、加薪，更遑論銷售員或行銷策劃人，他們的本業就是設計出各式活動，來搶奪消費者的注意力。

職場寫作中的任何一份文字檔案，都是搶奪注意力的有效途徑。無論內容多麼扎實，第一個映入讀者眼簾的是「標題」。請讀者回想，平常我們看臉書文章時，你是不是根據對標題的感興趣程度，來決定是否要瀏覽內容？**對粉絲專頁或媒體新聞來說，標題絕對是一篇文章中最首要的關注點**。

面對職場中的報告，無論如何都得硬著頭皮看完，不過好標題絕對是快速吸睛的最佳手段。如果主管每天必須閱讀成堆的文件，是否優先閱讀你的內容，取決於標題夠不夠吸引人。所有人都恨不得自己的事情能被盡快處理，假設對方一天要看上百封的e-mail，而你的標題很糟糕，如何要求他優先打開你的e-mail呢？

What 標題也要做「SPA」？

- 春節內部推薦政策
- 4G終極產品行銷方案
- 〇〇公司戰略規劃報告

相信大家經常看到類似的標題，看完只讓人覺得呵欠連連，或心生抗拒。上述的標題為什麼不討喜？因為人們看到後會心生疑慮：這跟我有什麼關係？

以下是網路上的相聲段子，分別是兩個不同國家的人口普查宣傳口號：

A國：人口普查！全民有責！科學發展！摸清國情！
B國：如果不知道社區有多少人，怎麼知道要建多少醫院和學校呢？

明眼人應該一眼就能看出區別。A國屬於自說自話型，完全站在自己的角度，似乎參與人口普查，只是為了幫政府完成任務；B國恰巧相反，因為提及民生內容，所以變成公眾事務，讓人想積極參與其中。由此可知，**想引起對方的興趣與注意力，就得找出攸關對方的「利益點」。**

本書傳授的寫作方法不是為了教你寫出內容農場的標題，而是在呈現書面內容時，能更準確地活用標題，所以最基本的要求是準確、客觀。大家應該有發現，網路文章為了吸引點擊率，標題越來越長，但這並不適用職場寫作。商務文件的標題應遵守三原則：①簡單明確；②不堆砌無效資訊；③標題字數控制在16字。

❶職場寫作的標題要符合SPA原則

好的標題應符合：簡單明確（Simple）、利益相關（Profit）、準確客觀（Accurate），簡稱「SPA原則」（見下圖）。

Ⓢ簡單明確——形式簡單，觀點明確

形式上簡潔精煉，包括：控制字數、保留核心關鍵字。標題必須是明確的結論，讓讀者立刻明白你的觀點與立場，也就是「結論先行」。

Ⓟ利益相關——攸關利益，引起注意

SPA原則中，最重要也最難做到的是「攸關利益」，並非指自己的利益，而是對方的切身利益。要找到利益點必須足夠了解對方，並能換位思考，從他人的角度考慮問題，這正是最難之處，但是若能夠做到，便可捕獲人心。

Ⓐ準確客觀——實事求是，符合事實

不誇大、不表達過多主觀情緒是最基本的要求。標題是對整體內容的精煉，如何在字數有限的情況，概括全文的核心本質？必須有強大的抽象思維能力來「以上統下」。

❷設計標題的萬能公式

我們可以利用SPA原則來指導和評估標題設計，以下提供一個具體設計標題的萬能公式（見下圖）：

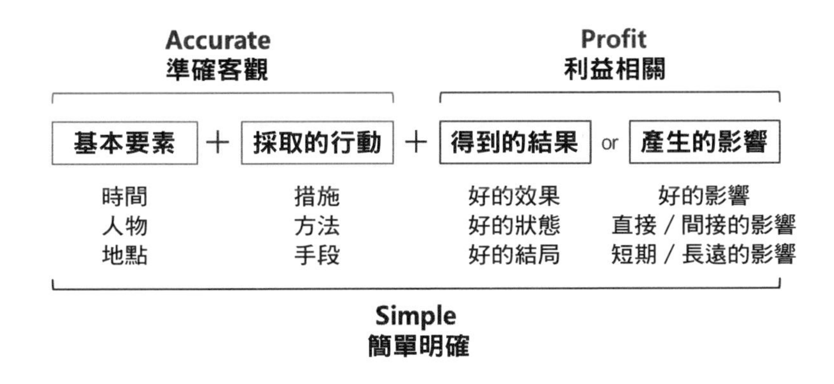

簡單來說，公式的核心是：**某人＋做了某事＋得到某結果**。此公式建立在SPA原則之上，應用時切勿超出此範疇。

工作的資訊大多與分析和解決問題相關，所以大家關心的是做了什麼、得到了什麼。如果結果尚未發生，就應該做規劃或寫企畫，陳述事件可能會產生的結果；如果結果已經發生，就要寫出總結精煉後概括出結果。

讓我們採用以上方法，修正前述讓人想打瞌睡的標題：

修改前	修改後
春節內部推薦政策	春節期間，獎勵金翻倍！
4G終極產品行銷方案	增加資源投入，提升4G客戶量
○○公司戰略規劃報告	改革創新、降本增效，提升業績！

調整過後的標題沒有過度包裝，讀者卻可以明確知道為何要看這份方案，看完後能獲得什麼好處。

設計和包裝標題固然重要，但更值得注意的是，如何透過設計標題，引發寫作者深入思考內容。如果不能快速寫出一個符合SPA原則的標題，應該反思：對內容的掌握是否擁有清晰的邏輯？思考問題是否全面？

How 他山之石，可以借鑑！——標題為情境而生

如果沒有參考背景資訊，難以單獨分析、判斷標題，因此標題的案例分析，將於「Step 2－How」小節，與序言一併說明。

If 麥肯錫式的自問自答練習

· **問題1**：實際寫作時，是否存在困惑？請列出您的困惑。

· **問題2**：回憶「Step 1 設計標題」小節，講了哪些核心內容？請用自己的理解陳述。

- **問題3**：看完本小節的內容，有什麼感受？
- **問題4**：對於我們的觀點，您認同、不認同哪些？怎麼修正會更好？
- **問題5**：實際工作中，您如何處理類似情境所遇到的問題？
- **問題6**：本小節的方法，如何應用到您的實際工作（或學習）中？

Step2 撰寫序言：寫一段讓讀者願意看下去的精彩開頭

這個時代，人人強調「故事力」

> 凱文在集團中負責融資的工作，隨著集團擴大發展，資金的需求越來越大，幾乎成為集團發展的最大瓶頸。為此，凱文特別做了一份解決方案，準備呈報給老闆看。他認真思考方案該如何寫，尤其是最重要的開頭，必須以簡潔精煉的文字，交代清楚前因後果，還要引起老闆的興趣……。

相信讀者們對這種狀況都相當熟悉。我們需要用簡短的介紹，對不了解背景的人說明一件事或表達某個想法。有了前面的鋪陳，才能讓對方更容易理解後面要強調的核心內容。

讓我們先來看看關於人類「講故事」的緣起吧！

《人類大歷史》（*Sapiens: A Brief History of Humankind*）一書提到，約在200萬年至1萬年前，地球上還存在著許多人種，其中包括我們的祖先「智人」，以及「尼安德塔人」（以下簡稱尼安人）。

比起智人，尼安人擁有更發達、更大的腦容量，不僅會用火，也有高超的狩獵技巧，然而，他們竟因為不會講故事被智人所滅。其中的原因，就讓我們從智人語言發展的三階段說起。

．**第一階段：**智人只能傳達身邊的環境資訊，例如：河邊有隻獅子。除了人類，很多動物的語言都能達到這個階段。在這個時期，一個部落最多幾十個人，人一多就無法進行溝通及合作。

．**第二階段：**智人發展出一個非常重要的能力——講八卦。這個時期，一個部落已經發展到150人左右，大家會聚在一起聊天、交流。

．**第三階段：**智人學會了講故事，大多講述「大樹是我們的守護神」這類虛擬故事。講故事可以聚集更多人，為相同目標共同合作。想像一下，尼安人與智人發生衝突時，尼安人最多能召集幾十人，但智人卻可以組織上百甚至上千人，勝過尼安人是輕而易舉之事。

某種程度上，講故事的能力決定人類的發展。許多宗教和國家起初只是透過虛擬故事，讓人們學會互助合作，從而推動社會與事件的發展。在職場上，若你學會講故事，與同事、客戶、主管間的溝通也會更加順暢。

在著重故事銷售的環境下，人人都必須學會講故事、塑造情境。我們必須活用這個能力，藉此獲得客戶青睞、受老闆賞識、說服投資人投資。

What 不會講故事？沒關係，好故事也有公式！

一個打動人心的好故事，必須具備矛盾、衝突的要素來推動情節，才會顯得千迴百轉、引人入勝，就像童話故事《大野狼與七隻小羊》：

> 有天，七隻小羊的媽媽要出遠門，出門前再三交代孩子不可以幫陌生人開門。然而，就在媽媽出門不久後，大野狼來敲門，小羊們知道這是大野狼的伎倆，所以緊閉大門不讓大野狼進來，於是大野狼打算改從煙囪爬進去。小羊們著急地想該怎麼辦呢？這時，最聰明的老大，建議大家在煙囪下面擺一盆滾燙的水。大野狼從煙囪爬進去後，便讓滾水燙死了。

我們用簡短的文字，就完整說明了故事。

請大家回想，平時看電視節目（特別是新聞），還有粉絲專頁的文章，在正式進入核心內容前，一般都先有一段內容鋪陳。例如：

> 有位國外的老人在多年前被告知罹患絕症，醫師預估他只剩下3個月的壽命。因此他決定將多年的積蓄拿去買他非常喜歡的車，與妻子開著它去很多地方旅行。然而，當他再次去醫院檢查的時候，醫師告訴他，惡化的速度減緩了，他多活了很多年。怎麼會這樣呢？或許正是因為他讓自己保持良好的心態，所以才能戰勝癌細胞，延續寶貴的生命。

用這段新聞內容與七隻小羊的故事做比較，就能發現二者有極為相似的模式：先交代背景，接著拋出「然而」，讓事情有所轉折，然後提出問題，最後才給出答案。

❶講故事有套路——序言

上述的模式，就是接下來要介紹的「SCQA模式」，運用它簡潔有力地交代背景，並完成優秀的序言。

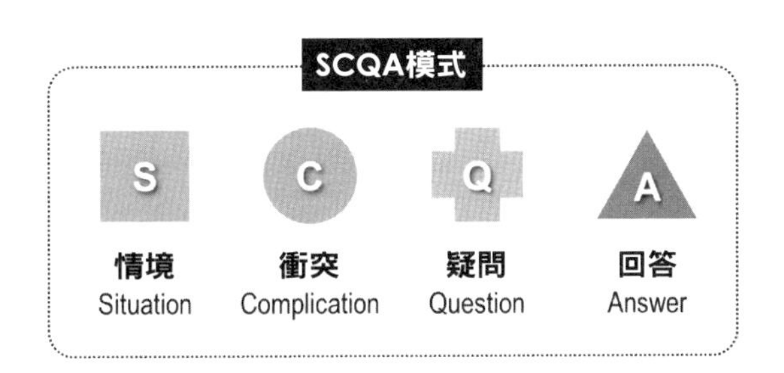

Ⓢ情境（Situation）：情境是針對已經發生、正在發生的事情，或公認的事實進行描述。務必符合讀者的知識、信念、情感、願望，才能使人認同，進而產生興趣，以利於後續內容的開展。此外，情境也可以是一個故事的情節。

Ⓒ衝突（Complication）：牛津辭典上的解釋是讓局面變得混亂、複雜而難解的事物。金字塔原理創始人芭芭拉・明托這麼解釋衝突：「Complication」

一詞並非一般意義上的「難題」，儘管它經常成為問題；當它存在於你講述的故事中，就會是那個製造矛盾，同時讓你感到緊張不安的因素，而這一矛盾觸發讀者在心中產生疑問。

如此看來，衝突是推動故事情節發展的因素，它打破原有的穩定狀態，讓局面複雜、混亂、反轉，情節便會充滿張力，讓讀者想繼續看下去。

Ⓠ疑問（Question）：由你提出疑問是為了引導閱讀者思考的方向。若衝突所引發的疑問特別明顯時，也可以隱藏起來，成為隱性的疑問。

Ⓐ回答（Answer）：解答讀者心中的疑問。

回到前文的融資案例，當凱文使用SCQA模式重新梳理思路後：

Ⓢ情境：集團近年來發展快速，產量提高。

Ⓒ衝突：集團的資金缺口日益明顯。

Ⓠ疑問：如何解決資金缺口的問題？

Ⓐ回答：設計全方位創新金融服務方案，以解決資金缺口過大的問題。

最後寫出一段完整的序言：

集團近年來發展速度飛快，產量逐年提高，眾多項目被列為重點專案。然而與此相悖的是，資金缺口日益明顯，儼然成為限制發展的主要瓶頸。

如何拓展融資管道？如何降低融資成本？如何提高資金使用率？這些都是解決資金缺口的關鍵問題。為此，我特別設計出全方位的創新金融服務方案，以期改善資金缺口過大的難題。

我們一再強調文章的開頭就要「結論先行」，實際上SCQA模式的Ⓐ（回答），就是結論的主要課題。簡單來說，「SCQA模式」的序言結構就是透過「SCQ」，總結出Ⓐ這個結論，如下圖所示。

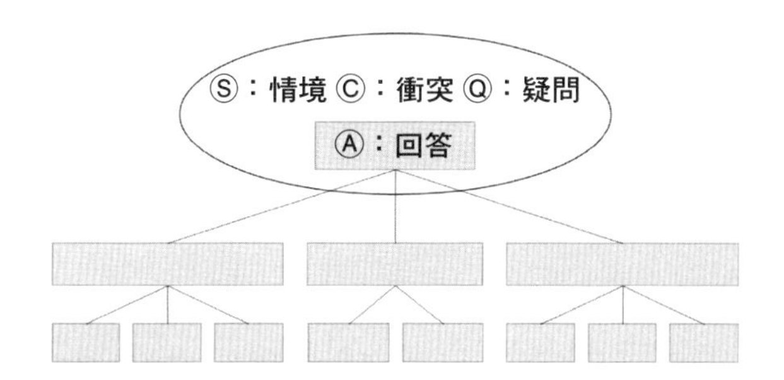

❷SCQA不只用來講故事

在生活與工作中，SCQA模式的架構可說無處不在。無論是新聞媒體或業配文的開頭、節目開場，甚至是化妝品廣告，都可以使用。讀者在序言的指引下，無形中就被說服了。所以，適當地運用，可以增強內容的說服力。

你還可以用SCQA向老闆彙報工作狀況，特別適用於突發狀況，假如在電梯裡偶遇老闆，問起某項工作的進度時，就能使用SCQA來回答；若需要向他人描述某個問題的前因後果，同樣可以使用這個公式。總而言之，SCQA模式是可以展現清晰思路的有效工具。

電影《黑心交易員的告白》（*Margin Call*）講述2008年金融海嘯爆發時，華爾街一家投資銀行的年輕分析師彼得，發現公司的財產分析有著巨大的漏洞而瀕臨破產，彼得向董事長報告時這麼說：

> 我是風險分析與管理部門主管羅傑斯的副手，主要負責抵押債權證券。Ⓢ在過去36至40個月裡，公司開始把不同等級的產品包裝成新的可交易債權證券，為公司帶來巨額收益。Ⓒ但最大的問題是……，所以公司的負債已經達到無法負荷的程度，連帶公司的風險預估值也跟著提高了。

這背後隱藏了一個明顯的Ⓠ（疑問），那就是「怎麼辦？」，而且沒有給出Ⓐ（回答），因為這個問題的級別已超出他的職責範圍，只能留待董事與高層們商定。

若為管理者，也可以用SCQA分派任務，首先以Ⓢ（情境）讓員工了解資訊背景，讓他明白為何要做這件事；接著，藉由Ⓒ（衝突）為員工說明事情的關鍵點；再使用Ⓐ（回答）替員工理清思路、指點工作方法，避免偏離主題或解讀錯誤。

❸「序言寫作格式」常見的三種問題類型

寫序言時，為了表現不同的衝突點，必須使用不同的寫作方式，大致可歸類為三種：恢復原狀型、預防隱患型、追求理想型（見下圖）。

問題類型	Ⓢ 情境	Ⓒ 衝突	Ⓠ 疑問
恢復原狀型	原本處於良好穩定的狀態	發生了某事使狀態惡化	怎麼做才能恢復原狀？
預防隱患型	目前的狀態良好而穩定	存在可能導致情況惡化的隱患	怎麼做才能防範隱患？
追求理想型	目前處於某種狀態	期望改善現狀，得到更好的狀態	怎麼做才能更好？

（1）恢復原狀型

某製造業想解決生產成本節節攀升的問題：

Ⓢ過去，本企業生產成本一直控制在正常水準。

Ⓒ近期，受到各方面的影響，生產成本越來越高。

Ⓠ如何才能將成本降至原來的水準？

Ⓐ降低生產成本的措施如下……。

（2）預防隱患型

孫經理部門人手不足，影響到每天的進度，他寫一份申請書給老闆：

Ⓢ近幾年，我部門人員編制一直是14人，每年業績皆有20%的增長。

Ⓒ任務越來越繁重，若想達成業績目標，我的部屬必須超時工作，甚至週

末加班，但仍消化不完日積月累的工作。

Ⓠ如何避免工作累積過多，卻沒人處理的情況呢？

Ⓐ我認為應增聘至少5名員工，才能保障部門順暢運轉。

（3）追求理想型

某購物網站希望提供大型企業更好的採購解決方案：

Ⓢ我們與大客戶合作，依然沿襲傳統模式，還處於初級階段。

Ⓒ傳統模式已突顯出問題，例如：價格不統一、審閱過程繁瑣等。

Ⓠ如何能讓雙方的採購流程更加順暢且高效呢？

Ⓐ規劃新採購方案……。

❹不同的序言組合會產生不同的風格

SCQA是寫序言的四大組合要素，以不同的順序排列，能傳達出不同的風格或情緒（見下圖）。

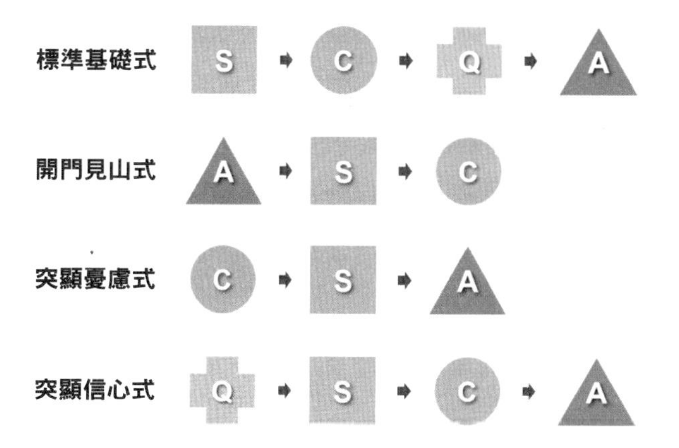

凱文之前以「標準基礎式」寫出序言，現在我們用其他風格來嘗試看看：

・**開門見山式**：A→S→C

Ⓐ我特別設計出一份全方位的創新金融服務方案，以期改善資金缺口過大的難題。Ⓢ集團近年來發展速度飛快，產量逐年提高，眾多項目被列為重點專案。Ⓒ然而與此相悖的是，資金缺口日益明顯，儼然成為限制發展的主要瓶頸。

・**突顯憂慮式**：C→S→A

Ⓒ集團的資金缺口日益明顯，儼然成為限制發展的主要瓶頸。Ⓢ集團近年來發展速度飛快，產量逐年提高，眾多項目被列為重點專案。Ⓐ為此，我特別設計全方位的創新金融服務方案，以期改善資金缺口過大的難題。

・**突顯信心式**：Q→S→C→A

Ⓠ如何拓展融資管道？如何降低融資成本？如何提高資金使用率？這些都是解決資金缺口的關鍵問題。Ⓢ集團近年來發展速度飛快，產量逐年提高，眾多項目被列為重點專案。Ⓒ然而與此相悖的是，資金缺口日益明顯，儼然成為限制發展的主要瓶頸。Ⓐ為此，我特別設計全方位的創新金融服務方案，以期改善資金缺口過大的難題。

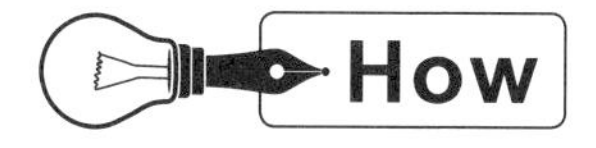

他山之石，可以借鑑！——用麥肯錫SCQA譜出序言框架

案例 1

削足適履，終非善策

Ⓢ近年來，由於傳統縱向剖腹產的後遺症很多，而且容易在下次分娩時導致子宮破裂的可能性增大，所以幾乎已經廢止。Ⓒ然而，在「子宮破裂」及「胎位不正」可能造成生產困難的情況下，該選擇哪一種手術成為醫師的難題。Ⓐ此時，傳統縱向剖腹產的手術時間短、空間大，較有利於生產，是最佳選擇。

▶▶▶解析

標題部分：本案例將「傳統剖腹產」類比為「削足適履」（這是一種「包裝」技巧，將於第四種寫作類型中介紹）。雖然標題適切，但問題在過於抽象，如果不看內文，根本無法從標題了解內容。其實，只要加上一個副標題，用以概括內容，例如：削足適履，終非善策——剖腹產手術方式的選擇不可「一刀切」。

序言部分：根據本案例的描述，表達傳統的縱向剖腹產因為某些缺陷而被廢止，但仍擁有某些優勢，正好能夠解決特殊情況下的難題而成為最好的選擇，所以Ⓒ的敘事並不準確，未能體現真正的問題所在，稍加修改如下：

Ⓢ近年來，由於傳統縱向剖腹產的後遺症很多，而且容易在下次分娩時導致子宮破裂的可能性增大，所以幾乎已經廢止。Ⓒ然而，在某些特殊情況下，例如：子宮破裂、胎位不正等，有可能會導致難產，且手術時間長，無形中增加了手術的風險。Ⓐ此時，傳統的縱向剖腹產具備手術時間短、空間大等優勢，有利於分娩時先露出胎兒頭部，是這些特殊情況下的最佳選擇。

案例 2

入駐〇〇創業基地，實現創業夢想

Ⓢ在創業當道的現在，有許多人走上創業之路。Ⓒ但是，對他們而言，有三大嚴峻挑戰：（1）租金壓力；（2）孤軍奮戰或盲目創業的風險高；（3）企業發展緩慢，走上正軌遙遙無期。Ⓠ那麼，創業者應該選擇哪一種創業基地呢？Ⓐ在此，我向大家推薦〇〇創業基地。此基地可以提供專業指導、場租減免，以及資金方面的創業支援服務，幫助創業者早日實現夢想。

▶▶▶解析

標題部分：簡潔、明確地告訴你做什麼、做了有什麼好處。

序言部分：本案例的表述主體在「創業者」和「創業基地」之間來回切換，容易造成讀者理解上的混亂。ⓈⒸⓆ段皆在討論創業者遭遇的現狀與困境，到了Ⓐ段卻突然開始推薦創業基地，但始終沒說清楚創業者遇到的問題，與創業基地有什麼關聯。因此，稍微修改一下：

Ⓢ在創業當道的現在，創業基地成為許多創業者的首選。Ⓒ然而，目前多數創業基地基於各方面原因，難以滿足創業者的需求。Ⓠ至於什麼樣的創業基地會是最佳選擇呢？Ⓐ我想向大家推薦一個能全方位支援創業者的最佳歸宿——〇〇創業基地。

案例 3

如何讓員工的準確率達到100%？

Ⓢ業務迅速膨脹，客戶對數據準確率的要求越來越高。Ⓒ明明員工培訓中有加以訓練，也將工作指南發給大家了，在實際執行時卻仍會出

錯，Ⓠ培訓真的有用嗎？Ⓐ其實，學習有分「主動」和「被動」。從學校到職場的階段一般屬於後者，這暴露出我們根本不清楚問題出在哪裡。因此，必須是自發性主動學習，由員工主動梳理知識、熟練標準流程，通過考核後才能上崗。

▶▶▶解析

標題部分：本案例採用問句形式，目標非常明確，即100%的準確率。但若只看標題，很難馬上理解內文想表達什麼。有兩種改進方式：①採用「案例1」的方法，加上副標題；②使用陳述句而非問句，例如：推動員工自主學習，讓準確率達到100%。

序言部分：雖然有為員工提供培訓課程，但因為是被動學習，所以效果並不好。可是Ⓒ段並沒有呈現出這個衝突點。

另外，本案例省略了Ⓠ段的問題反思，Ⓠ應該是引導讀者思考問題，而不是為問而問。最後Ⓐ段突然進入主動與被動學習的討論，顯得更加突兀。

本案例沒有清楚解釋「數據準確率的要求提高」、「培訓」，以及「主動／被動學習」之間的關聯，所以非常混亂，令人難以理解。微調後如下：

推動員工自主學習，讓準確率達到100%

Ⓢ目前業務迅速膨脹，客戶對數據準確率的要求越來越高，所以需要提高員工的準確率。為此，我們提供了相關培訓。Ⓒ結果，工作指南發了，培訓也做了，但員工在實際執行時仍然頻頻出錯。經檢討後發現，是因為員工一直處在「被動學習」的狀態。Ⓠ那麼，如何做才能改善培訓成果，提高工作準確率呢？Ⓐ我們應該調整培訓策略，鼓勵自主學習，由員工積極主動梳理知識、熟練標準流程，並通過考核後才能上崗。

If 麥肯錫式的自問自答練習

・**問題1**：實際寫作時，是否存在困惑？請列出您的困惑。

・**問題2**：回憶「Step 2 撰寫序言」小節，講了哪些核心內容？請用自己的理解陳述。

・**問題3**：看完本小節的內容，您有什麼感受？

・**問題4**：對於我們的觀點，您認同、不認同哪些？怎麼修正會更好？

・**問題5**：實際工作中，您如何處理類似情境所遇到的問題？

・**問題6**：本小節的方法，如何應用到您的實際工作（或學習）中？

清晰的序言表達，首重標題的「利益點」

❶標題

實際寫作時，標題必須有打動讀者的「利益點」，這可說是最難挖掘卻也是最重要的環節，需要換位思考並深入了解對方的關注點和興趣所在。此外，你還需要對自己的寫作內容進行深度思考，建議你多自問「為什麼」、「然後呢」，以利找出問題的核心。

❷序言

序言的結構看似簡單，但想要寫好可不容易，必須包含四個要素：清晰、流暢、邏輯、說服力。SCQA的每一個部分都要表達清楚，還要注意四者間的銜接與關聯。序言常見的問題包括：

（1）SCQA的資訊，描述不完整，或者表達混亂。

（2）SCQA之間的關聯非常生硬、過於牽強。

（3）內容的邏輯經不起推敲，缺乏說服力。

（4）**S（情境）**：描述過於簡單，無法使讀者產生共鳴。

（5）**C（衝突）**：不夠有衝突，讓人印象不深刻。

（6）Q（疑問）：為提問而提問，沒有引導讀者思考的效果。

（7）A（回答）：偏題，未能與核心結論呼應。

若無法寫出清晰流暢的序言，你需要反思撰寫的目的為何？是否把要處理的問題都想清楚了？有無抓住問題的核心？能怎麼改進？只有經過深度思考，才能形成準確的判斷，進而寫出優秀的序言。

Step3 建構內容：快速組織起你的敘事脈絡

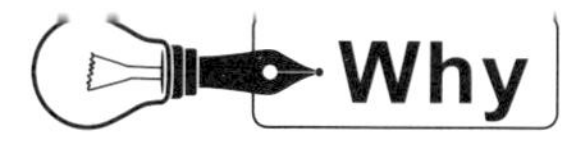

最簡單又有效的思維模型——2W1H框架

撰寫序言時，使用「SPA原則」與「SCQA模式」，可以為文章起一個很好的開頭，下一步就是要組織核心內容的框架。

我們設立的「結構思考力學院」中，有位講師曾替一家公司的管理層進行培訓。過程中，他與其中一位主管聊天時，發現這名主管的思維非常有條理，擁有結構化的語言表達，於是詢問這名主管是如何做到的。

這名主管回答：「其實您剛剛教的方法，我平時就已經在使用了，只是不知道這就叫作『結構化』。我的父親在我小時候就提醒，遇到問題要從三個面向去思考，分別是：什麼、為什麼、怎麼做。漸漸地，我便養成了這樣的思考習慣。」

這名主管的思維習慣就是所謂的「2W1H框架」。很多人在寫作時，面對主題常常不知所措，而其中最根本的原因就是大腦中缺少完整的框架。

在撰寫核心內容時，如果毫無規劃、缺乏邏輯性，最終可能叨絮了大半篇，仍難以清晰、準確地表達核心思想，讓人看完後抓不到重點——因此，第一步是「建立框架」，再以此延伸內容，避免混亂的局面產生。

What 公式有兩種，可以針對需求進行選擇

工作中，我們時時處於接受與傳遞資訊的狀態，必須在短時間內迅速整理自己的思路，將各類資訊組織成一個整體。在眾多方法中，最直接、簡單、快速有效的方法就是2W1H框架。

在2W1H框架之下，我們針對不同的需求重點，設計出兩種開展內容的形式，分別是並列式、層遞式（見下圖）。

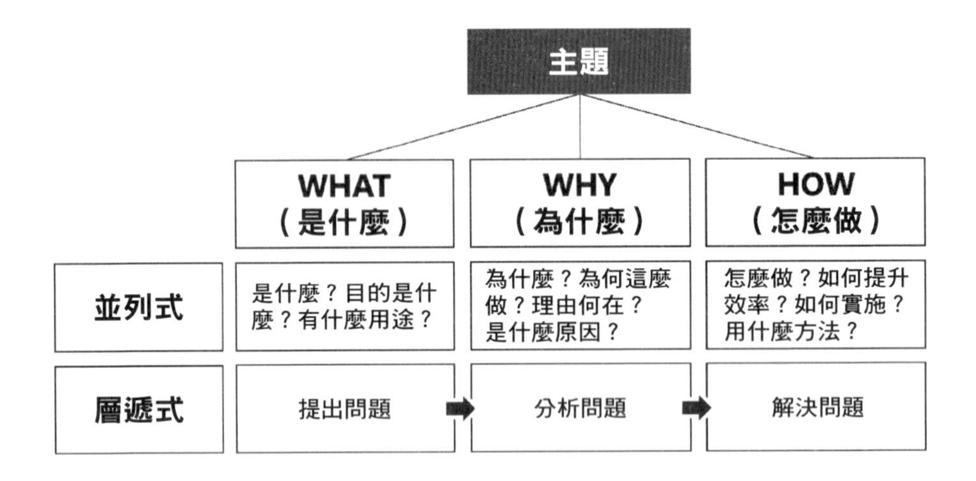

❶ 並列式：描述、說明

我們經常需要在工作中向他人描述、說明某件事或某事物，例如：

- 向老闆報告正在處理的事項、如何處理、這麼處理的原因。
- 邀請同事參與某個專案，讓對方知曉專案內容、執行目的、怎麼做。
- 向客戶介紹產品特點、設計宗旨、能解決什麼問題。

類似的情況還有很多，但表達方式都有個共同點，那就是回答對方「是什麼、為什麼、怎麼做」。將重點資訊放在這三個核心問題上所組成的框架，就是所謂的「並列式」，這個方法有助於理清大腦思路，將原本散亂的資訊進行

歸類；其次，讓對方能迅速掌握重點，大大提高溝通的效率。

當老闆詢問你進修的課程內容，以及在課程上的收穫，如果你回答得亂七八糟，可能就沒有下一次機會了。該怎麼說才能贏得老闆的讚賞呢？這時候可以使用「並列式」：

- **What：**學了哪些主要內容。
- **Why：**為什麼學這些內容。
- **How：**學到的內容怎麼應用於工作中。

如此一來，便能有條不紊地向老闆彙報自己的學習狀況，進而提升個人形象。接下來，讓我們以「批判性閱讀」為例，介紹並列式的實際運用方法：

批判性閱讀的重要性

閱讀即思考，如果讀了文字卻沒有進行思考，閱讀便失去意義了。

什麼是批判性閱讀？對於懂得批判性閱讀的讀者而言，文章提供的是另一個個體的思考，僅是一部分的真相……。

為什麼要學習？批判性閱讀是學習獨立和批判性思維的條件。

如何正確引導？批判性閱讀的目的是讓學生能多角度地看待事物，取其精華而不是無中生有……閱讀才能發揮真正的意義。

這段文章正是典型的並列式結構：

What、Why、How沒有固定順位，可以根據實際情境進行相應的調整。

舉一個生活中的例子：妻子為了讓丈夫學會分擔家務，決定有條理地勸說他。首先，她決定先說What，讓丈夫知道有哪些責任。

其實妻子準備了兩套方案，如果丈夫心不甘情不願，她就要把重點放在說服，也就是先說Why的部分。

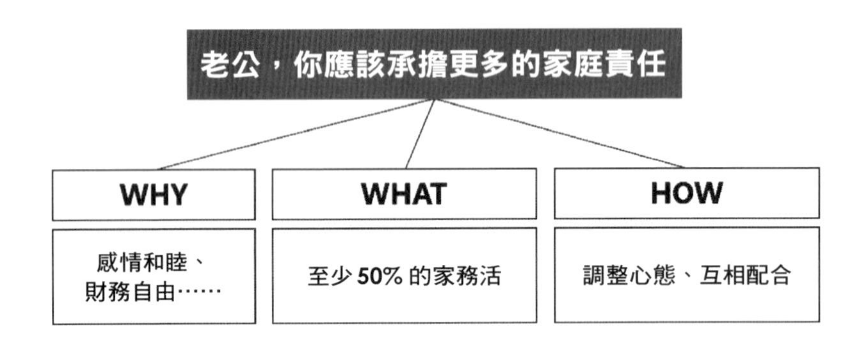

使用並列式時，不一定每次都要滿足What、Why、How三個面向。可以根據情境、場合的不同，選擇之中幾個，自行調配內容的比重。

❷層遞式：澄清問題

層遞式是為了**解決問題**。有人說企業就是為了解決問題而存在的，那麼身在其中的職場人士自然無法置身事外。

在問題溝通的層面上，人們似乎早已內建「現象→原因→解決方案」的模式，這正是2W1H的思維框架：提出問題→分析問題→解決問題，而這個過程就是所謂的「層遞式」。

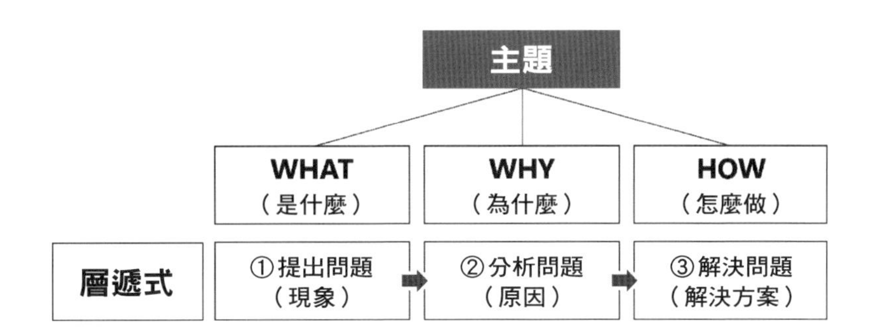

與靈活的並列式不同，層遞式有明確且固定的先後順序。因為我們一定是先發現問題，然後才是分析和解決問題。

層遞式具有極強的說服力，因為暗含著邏輯的推演，經常應用於廣告來說服消費者購買產品。以海倫仙度絲的廣告為例：

立即購買！去屑實力派，海倫仙度絲

頭皮屑怎麼去都去不完，因為你只去掉了表層的頭皮屑，當頭油繼續分泌，頭皮屑便再度滋生。 新海倫仙度絲，形成頭皮保護層，激活去屑因子，預防頭皮屑再生！

立即購買！去屑實力派，海倫仙度絲

WHAT	WHY	HOW
頭皮屑去不完	當頭油繼續分泌，頭皮屑便再度滋生	新海倫仙度絲，形成頭皮保護層，激活去屑因子，預防頭皮屑再生！

①**提出問題：**頭皮屑反覆出現。

②**分析問題：**頭油持續分泌。

③**解決問題**：使用新海倫仙度絲，形成頭皮保護層。

實際運用層遞式時，可先繪製結構圖。請特別注意「現象、原因、解決方案」的各項資訊，最好都能有所對應（如下圖）。

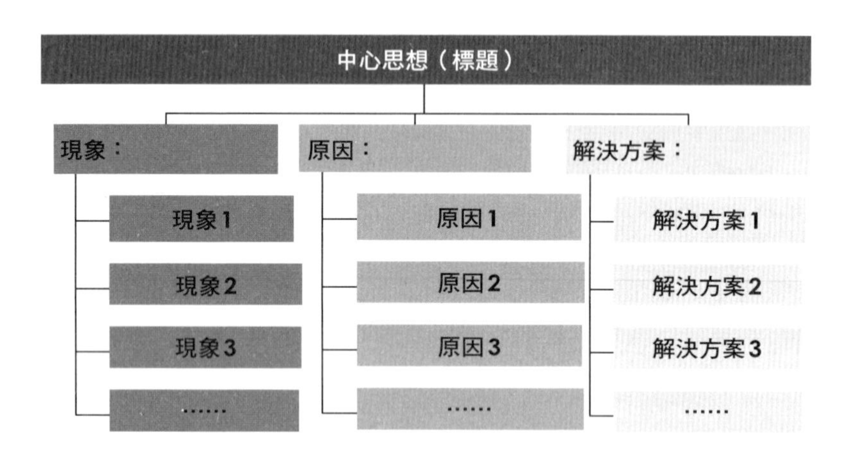

接著看下圖案例。從框架上看，結構很清晰，但對應的原因和解決方案有問題。原因部分僅有三項，但解決方案有四項，會讓人困惑第四項解決方案該對應哪個原因？是否少列一項原因？或者某二項的解決方案屬於同一類？

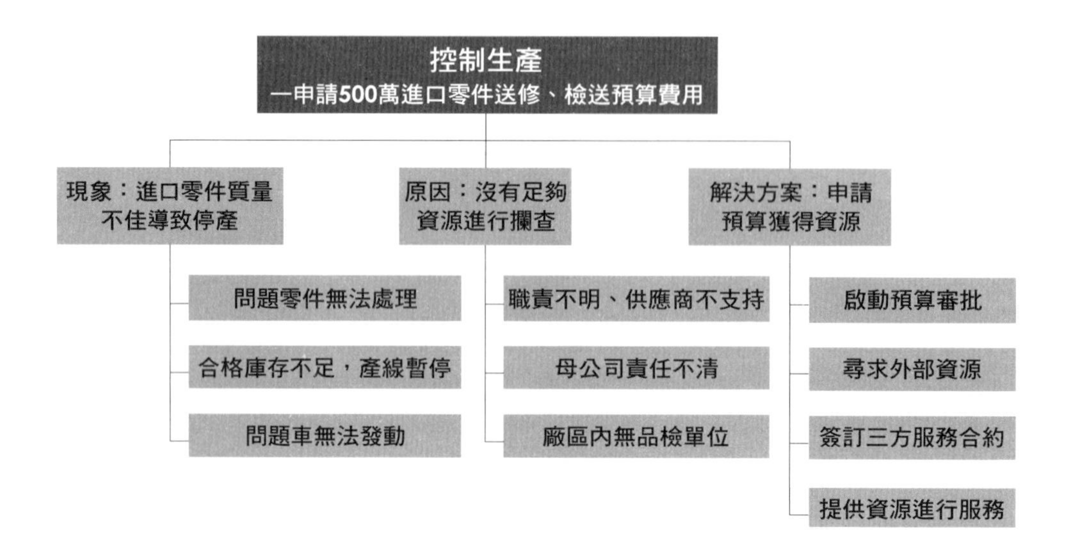

無論並列式或層遞式，本質皆是運用2W1H的思維框架。如果遇上更複雜的問題，則可以改用5W2H框架，可以一次涵蓋到7個面向的問題。

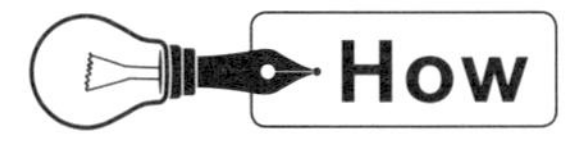

他山之石，可以借鑑！——2種公式、2W1H綜合應用一把抓

案例1

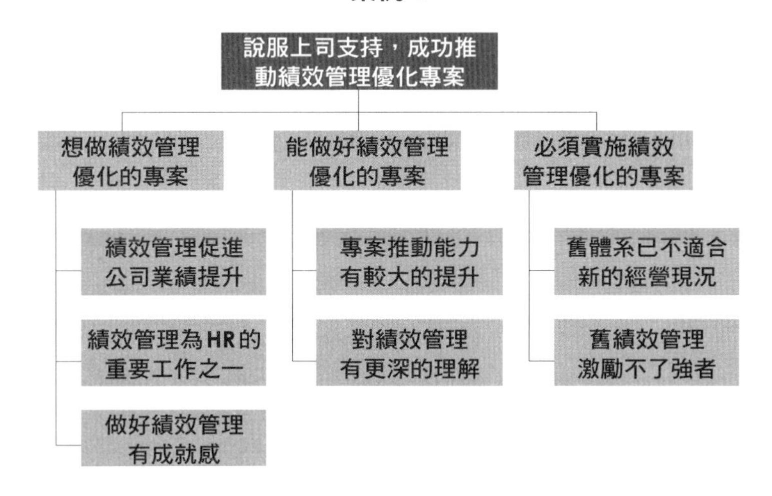

▶▶▶解析

「說服上司支持，成功推動績效管理優化專案」是最終的目標，而非標題。執行則從三個面向著手：想做、能做好、必須做。

想做、必須做，是回答「Why——為什麼要推動績效管理優化專案」；能做好則是回答「How——如何做好」，因此存在這兩個面向的問題。

上述的兩個問題：第一，僅站在自身的角度，沒有替老闆考慮他關心的問題；第二，是結構上的問題，包括：分類、分層等。若從結構面來調整，如下圖所示：

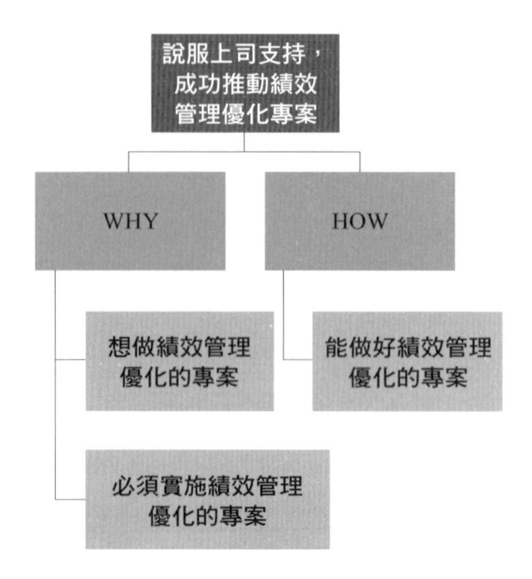

以下，我們分別使用並列式與層遞式，對結構進行全面調整：

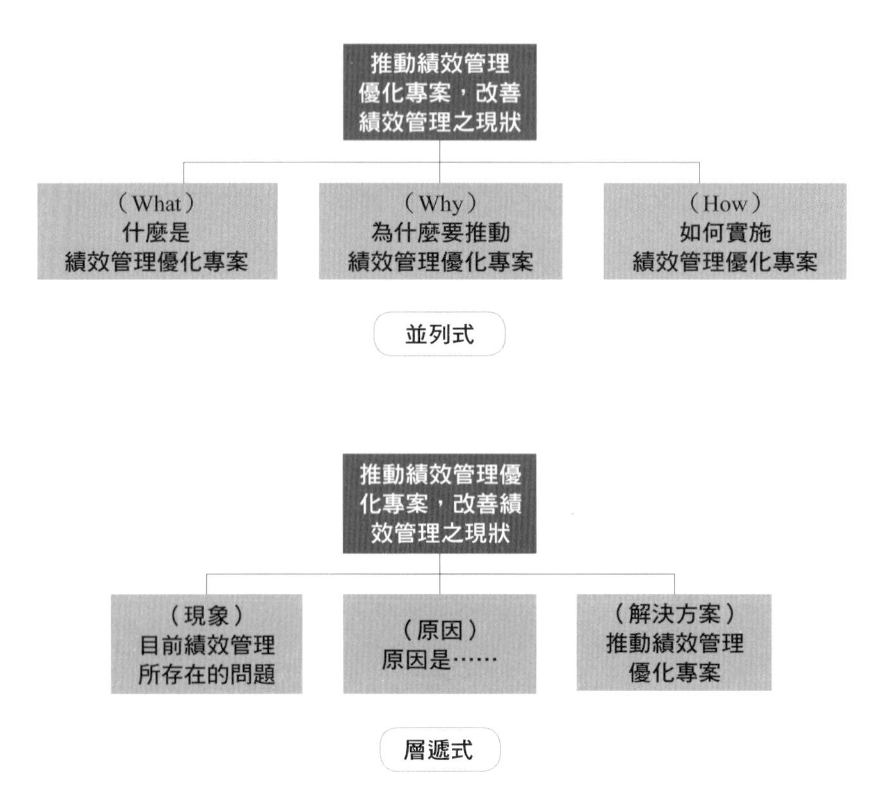

案例 2

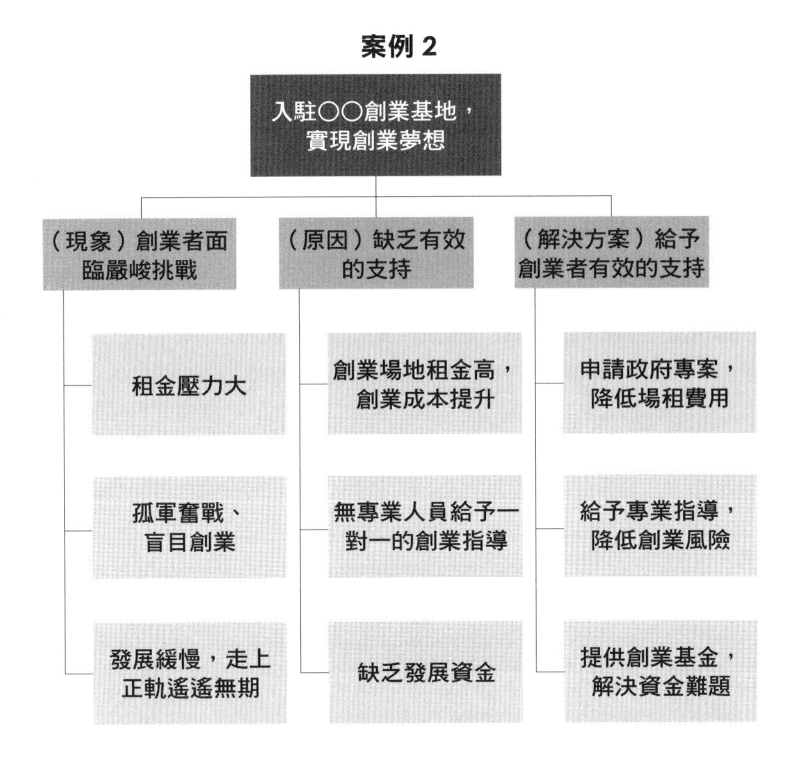

▶▶▶解析

這個案例曾在「Step 2 － How」做過分析，在此用層遞式呈現，雖然結構上沒有問題了，但內容方面還有待釐清。本案例中，創業者的挑戰豈止場地，其中涉及到太多因素，所以運用層遞式會不好控制話題的範圍，導致無法聚焦。但此表的優秀之處是三項方案分別與三個原因形成對應。此外，要特別說明解釋內容的形式是依據內容而定，切勿為套用而套用。

實際上，本案例想表達的重點是，一般的場地不利於創業者創業，所以推薦〇〇基地給大家。因此，重點應該放在創業基地，而非創業者，下圖用並列式進行微調：

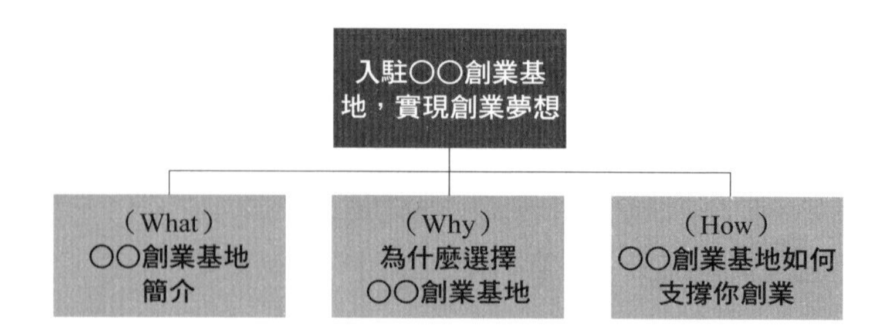

讀者可與前頁的層遞式對比。改由並列式呈現後，重心從創業者轉移至創業基地，整體內容緊扣主旨，內容更加聚焦，也更具說服力。以下再舉職場中常見的會議問題為例：

案例 3

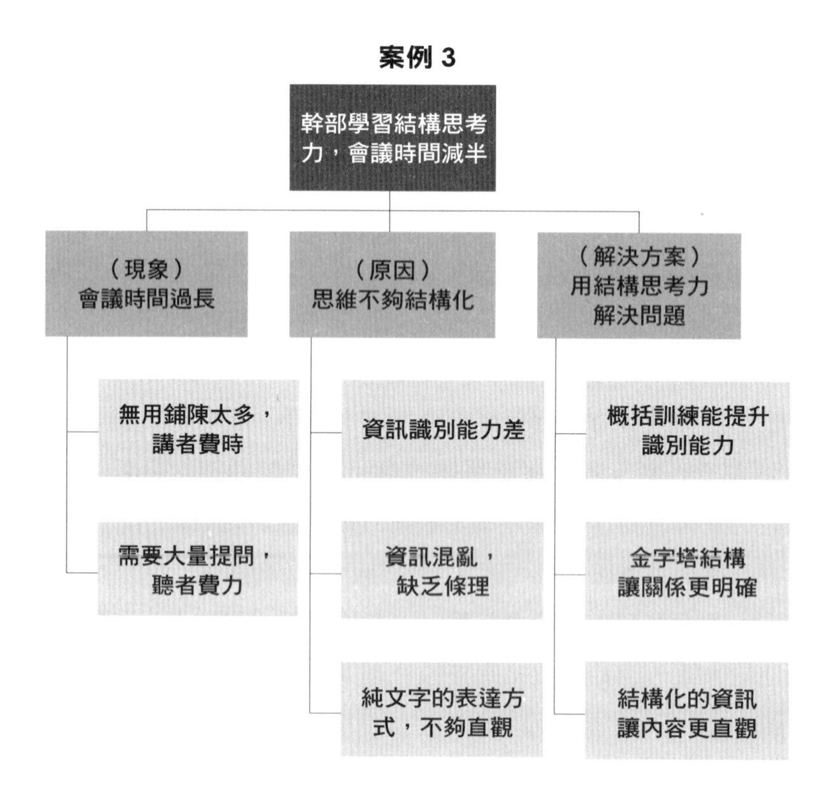

▶▶▶解析

本案例採用層遞式，側重於問題的分析與解決。如果現在的重點是討論解決方案，而此時需要運用結構思考力，該怎麼展開呢？我們可以使用並列式：

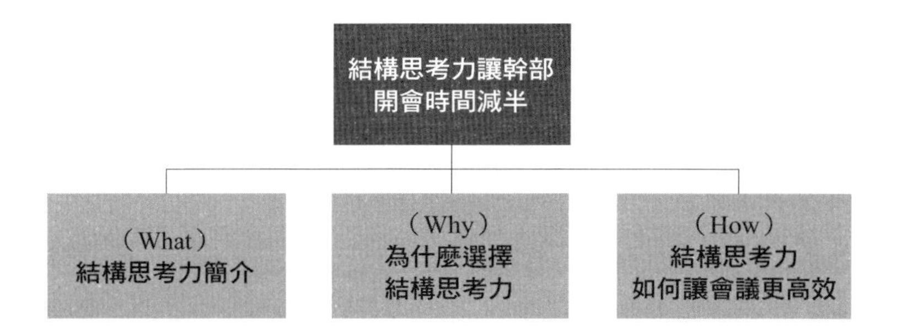

透過上述圖表可知，在實際工作中，層遞式與並列式能根據情境的需要加以靈活運用。

If 麥肯錫式的自問自答練習

- **問題1**：實際寫作時，是否存在困惑？請列出您的困惑。
- **問題2**：回憶「Step3建構內容」小節，講了哪些核心內容？請用自己的理解陳述。
- **問題3**：看完本小節的內容，您有什麼感受？
- **問題4**：對於我們的觀點，您認同、不認同哪些？怎麼修正會更好？
- **問題5**：實際工作中，您如何處理類似情境所遇到的問題？
- **問題6**：本小節的方法，如何應用到您的實際工作（或學習）中？

★Tips 思維應凌駕於工具之上，讓工具為我們所用

解析主題的方法不是只有並列式與層遞式，但這兩種方法是最易於操作且實用的，其本質皆源於2W1H框架。

在此，我們想強調的理念是「人的思維應該凌駕於工具之上」，就像著名的廣告語「科技始終來自於人性」，這些工具起源於我們的思維，應該為我們所用，而不是受工具支配。

宋代禪宗大師靖居和尚曾提出參禪的三重境界：參禪之初，看山是山，看水是水；禪有悟時，看山不是山，看水不是水；禪中徹悟，看山仍然是山，看水仍然是水。思維的訓練與發展，何嘗不是經歷這樣一番蛻變呢？

剛開始思維水準有限，我們只能看到事物的表面，不僅視角單一，思維也處於零散混亂的狀態。訓練後，開始能從各種角度看待事物，覺察事物之間的關聯與規律，思維變得清晰而有條理。最後，思維水準到達一定高度，可以透過現象看清本質、突破自我，進而超然於物外。

唯快不破，傳達訊息準確快速是現代人必練功夫

・**任務1**：請針對「1.清晰傳遞資訊」中的主要內容及核心知識點，畫出金字塔結構圖（或思維結構圖）。

・**任務2**：請選擇實際工作中傳遞資訊或某個溝通情境下的寫作主題，並利用本章的方法進行寫作，必須包括：標題、序言、結構圖（也可使用本章的方法，修改曾經寫過的文件）。

2 準確總結工作：如何寫一份有高度、受肯定的報告框架

談及工作總結，多數人的第一直覺是年底的「年終總結」，但我們談論的是更廣義的工作總結。無論時間跨度多麼長，無論針對的是常規工作還是特定任務或專案，只要是對某段時間的工作進行整體梳理和總結，都稱之為「工作總結」。

對職場人士而言，寫工作總結是常態性工作。除了一年、半年這種較長的時間跨度外，很多公司要求員工寫週報甚至日報，也就是每週、每天都要寫一份工作總結。一部分人寫的是日常工作，另一部分人可能從事專案型或任務型工作，因此需要在專案實施過程的關鍵節點上，進行階段性總結，以及整個專案完成後的整體性總結。

工作總結的本質就是對一段時間內所做的事，以及所取得的成果進行梳理、提煉、歸納、分析、評估，最終要「呈現」，甚至作為績效考核的依據。工作總結一方面是回顧過往所做的工作，另一方面是給老闆和公司一個交代。可是，很多人不重視工作總結，對他們而言，這只是為了完成一個躲不掉的任務、一個必須走的過場，所以消極以對，用流水帳的形式應付了事。

根據線上調查，消極對待工作總結的人，一方面是態度問題，沒有意識到工作總結的重要性；另一方面則是能力問題，想寫好卻苦於缺乏清晰的寫作技巧和方法。很多人的工作總結只是單純地羅列出自己的工作事項，就像在撰寫任務清單，毫無意義地堆砌著文字，最後完成一份讓老闆看了頭疼的總結報告。如何讓自己的工作總結更有價值？先看一個真實的案例：

某年春節前的深夜，小李接到客戶王老闆的求助電話。原來，王老闆第二天一大早就要進行年終述職報告，而且是第一個上台。王老闆想請小李幫忙調整報告內容，於是小李從頭開始一頁一頁地梳理王老闆的報告。第二天中午，王老闆非常興奮地打電話給他，說今天的述職報告非常成功！王老闆的報告被高度評價。長官說，王老闆之前的述職報告可看出他是一位踏實、勤懇的經理人。可是聽完今天的述職報告，對他的認知改變了，認為他是一位有思想、有高度的「職業經理人」。

王老闆的職責是培訓管理，他的述職報告分為兩大部分：今年的培訓工作總結、明年的培訓工作展望。這是多數人寫工作總結的方式，看起來沒什麼問題。但小李建議王老闆修改標題，讓長官一看就知道他想表達的重點。經過一番思考，王老闆最終將標題改為「今年打造具生命力的培訓專案」和「明年計劃打造支持業務發展的培訓體系」。

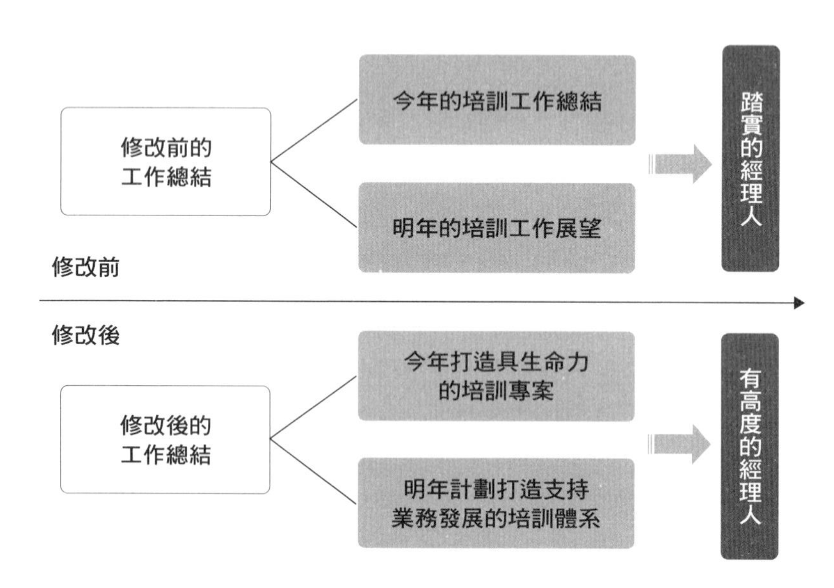

大家可以體會一下標題變化後二者的差異：修改前的標題平鋪直敘；修改後的標題則目標明確。修改後的標題為什麼更好？其一，修改後的標題是一目了然的「結論」；其二，修改後的標題有「重點」，體現王老闆的核心思想，表明他想表達的重點；其三，王老闆透過這個標題，讓聽眾明確感受到他清楚自己想做什麼、在做什麼。

好的工作總結不只是一段時間內所有工作內容的簡單總結，也能充分體現個人的職業素養，更可以展現出自身的工作理念和態度。如何寫工作總結才不流於平庸，可體現出自身價值？

我們長期為企業提供培訓及輔導，從中提煉出一套簡單易行、快速有效的工作總結寫作方法，即下圖的三步驟，可以快速梳理自己的工作內容，提煉出「有高度」的工作成果和業績。

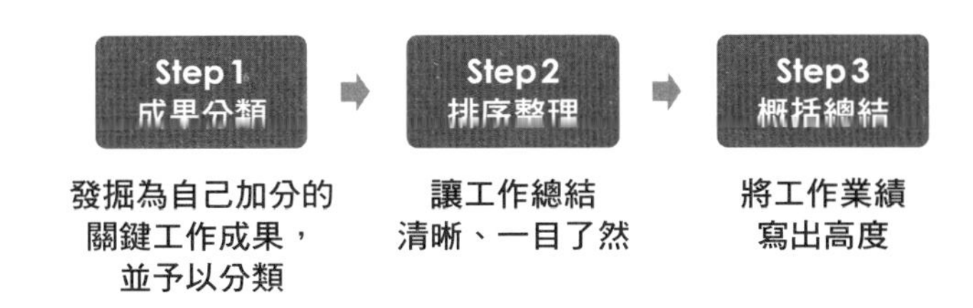

Step1 成果分類：報告自己優秀的工作成果時，首重分類

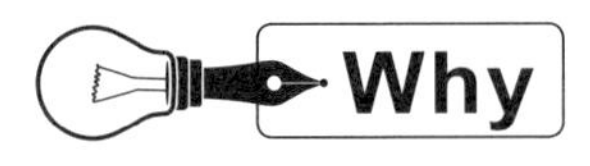

沒人想知道你每天的流水帳，老闆只在乎你的工作成果

老蔣是H公司的中階管理者。時值年中，老闆要求中高層管理人員總結上半年的工作，並在會議上進行彙報。老蔣這半年來工作頗有心得，洋洋灑灑寫了一大篇。他羅列主要的工作事項，並詳細描述，希望老闆看到他半年來做了

> 多少事。所有人彙報完，老闆接著說，有的管理者看起來做了很多事，但看不到工作成果。雖然老闆沒有點名，但老蔣總覺得是在說自己……。

老蔣碰到的問題並非個例，而是職場人士撰寫工作總結時經常出現的問題。大家心裡彷彿有一個公式：「工作總結＝總結工作」，而總結工作又等同於堆砌工作內容。此時，大家往往不吝筆墨，拚命粉飾自己的辛勞與勤懇，只為了讓老闆看到自己多麼不容易。

關於工作總結，「百度」是這樣定義的：

> 工作總結是指，當工作進行到一定階段或告一段落時，需要回過頭來分析所做的工作，予以肯定成績、找出問題、歸納經驗、記取教訓、明確工作方向，以便進一步做好工作，並用文字表述出來。總結的過程既是對自身實踐工作的回顧，也是進一步認識工作、提高思維的過程。透過總結，人們可以把對工作零散、膚淺的感性認知，提升為系統而深刻的理性認知，從而得出科學的結論，以便改正缺點、吸取教訓，使今後的工作少走彎路，多些具體成果。

這個定義很全面，但仍舊是從個人的角度詮釋。對於個人成長而言，總結不是最終目的，持續改進、提升才是終極目標。但從公司和老闆的角度出發，為何要看你的工作總結？其實很簡單，因為老闆要評估、公司要考核，他們更關注的是你最終實現的業績，以及付出時間、精力和金錢之後的產出成果。除了極少數特殊情況，絕大多數企業的績效考核還是成果導向。

因此，工作總結展示的不只是你做了什麼，更重要的是你做了這些事以後，取得哪些成果。而且，很多時候，前者甚至可以忽略不提。所以，我們要跳出原來的誤區，重新建立一個更加恰當的公式：**工作總結＝總結工作成果**。

「工作總結＝總結工作」的公式之所以存在，是因為隱藏了一個前提假設：我表現越勤奮、做的事越多，就越能得到同事的認可和老闆的賞識。抱持著這種想法的人，不僅工作總結寫不好，日常工作中也很容易陷入「低水準勤奮」的泥沼，只知道埋頭做事，卻忘了抬頭看路。

當我們樂此不疲地描述工作細節的時候，別忘了問自己「然後呢？」如果就沒有然後了，那真的需要好好反思自己的工作方法。

What 提煉出你的工作成果，跌破眾人眼鏡！

❶ 首先梳理出成果

史蒂芬・柯維（Stephen R. Covey）在《高效能人士的七個習慣》中提到，第二個習慣是「以終為始」，告訴我們做事要緊盯目標，這一點不僅在常規工作中適用，寫工作總結時同樣可以遵循。對於工作總結而言，「終」是什麼呢？那就是清晰地向他人展示自己的工作成果，如果工作總結緊密圍繞「終」而展開，便能更加地突顯和聚焦重點。

如何能更有效地梳理自己過往的工作？如何簡潔、清晰而有條理地呈現自己的汗水與成果？我們設計了一個「行動－成果」表格（見下圖），可以用它列出過往最主要的工作內容和行動，以及對應的成果或目的。

行動	成果／目的

「行動－成果」表格的構成非常簡單，一列是「行動」，一列是「成果／目的」。在行動列填入主要的工作或任務事項，即是「我做了什麼」；在「成果／目的」列填入相應的結果，即是「做完那件事以後我所取得的成果」。

為何需要填入目的呢？主要是考量到階段性的工作，以及不能很快見成效的工作。例如：專案做到一半，需要進行階段性總結，但有些事項尚未完成，暫無成果產出；或者制訂了某個新的制度，需要一段時間才能看見成效。這時就可以用「預期目標」來代替成果，也就是做這些事期望達到什麼目的。

❷何謂「成果」？

輔導職場人士的過程中會發現，很多人錯誤理解自己的工作成果，導致最後寫出來的工作總結無法深刻體現自己工作的真正價值。接下來，我們先跳脫寫工作總結這件事，來看看如何進行整體的工作流程：

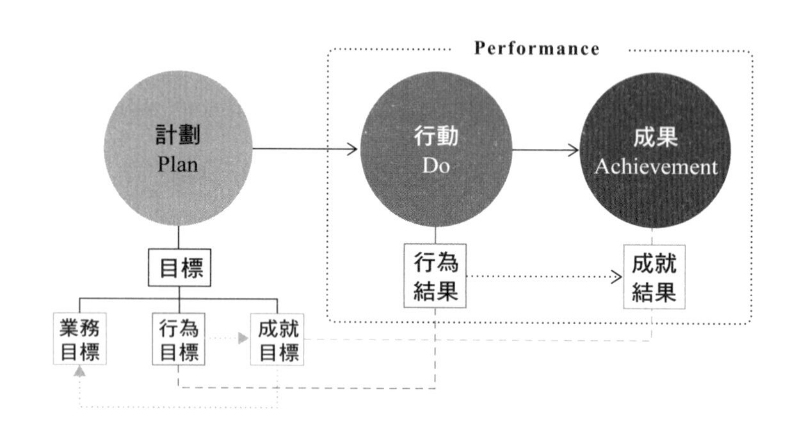

我們可以把工作流程簡化為三個環節：計劃（Plan）、行動（Do）、成果（Achievement）。制訂計畫可說是工作流程的初始位置，因為我們要先制訂出明確的目標，才能有方向、有目的地展開工作。當然，計畫的主要內容還包括做什麼、如何做。

「目標」可區分為三類：業務目標、行為目標、成就目標。其中，業務目標是組織層面關注的重點，它是企業獲得成功必須達到的指標，例如：市場佔有率、年收入、客戶滿意度、營運效率、人才流失率、利潤率等。至於成就目標是為了達成業務目標，需要各個崗位去取得的最終成果或業績。行為目標則是為了取得成就所採取的行動或行為。

因此，三者的關係是「行為目標→成就目標→業務目標」，箭頭表示前項目標支持著後項目標。計畫制訂完成後，就會進入實際的行動階段，也就是根據計畫採取相應的行動，或是做出相應的行為，並產生「行為結果」。最後，整個行動結束（工作完成），產出相對應的「成就結果」，從而體現出部門、個體的成就與業績。

我們常說的「績效」，實際上就是「行為結果＋成就結果」。「行為」是過程指標，「成就」則是結果指標。我們經常能聽到：「我沒有功勞也有苦勞啊。」所謂「功勞」就是成就，「苦勞」則是行為。意思是，雖然我沒有什麼成就，但我做了很多事（行為）。

舉例來說，一名電話銷售人員一天打80通電話，這是「行為」，80通電話裡，10個人有初步意願，之中有2個人願意簽約，這就是「成就」；一週看一本書，是「行為」，看完書從中學到了方法，便是「成就」。

不同企業的不同崗位，績效考核的標準各不相同。結果導向的企業要求拿結果說話，也就是只考核成就。有的企業或崗位還要考核行為，不僅要看最後的結果，還要審視你的工作過程是否按要求進行。總體來說，成就始終是主要考核對象。在撰寫工作總結時，行為結果和成就結果都可以提煉，但應把重點聚焦在成就結果。以下用一個實際案例說明：

目標	行動	成果
完善招生的諮詢管道，提高網路轉換率，增加報名人數。	透過通訊軟體提供線上諮詢。	‧報名人數比去年增長216%，投入成本減少近10萬元，且今年春季的網路報名人數，比去年春季增長11%。
增加在學專科生與學院的黏著度，增進學習氛圍並提高直升轉換率。	建立通訊軟體群組，解答在學生的問題。	‧今年春季，專科畢業生就讀本院的學生人數，相較歷年有顯著成長，且群組內的學習氛圍活絡。
低成本推廣學院品牌，擴大學生的群體認同。	透過朋友圈推廣學院的品牌。	‧多篇文章獲得百讚，單篇文章於發表當日可達數百瀏覽量。
提升產學合作的工作效率。	透過通訊軟體媒合產學合作。	‧學生產學合作無縫接軌，問題處理時效從2個工作天，縮減為10分鐘內有問必答。

案例中的「行動」部分，採取概括形式。當整理成正式的工作總結時，可進一步細節化，列舉具體的「行為結果」。很多人寫工作總結（尤其是年度總結）時，經常覺得沒有足夠的素材，不足以成為一份充實飽滿的工作總結。想改善這一狀況，需要養成高效且及時記錄工作相關資訊的習慣。

前面提過的「行動－成果」表格，就是一個能有效記錄的簡單工具。在電腦中使用Excel或Word建立一份空白表格，隨時將主要的工作內容和相應的成果填入表內。等到需要寫工作總結的時候，便能從容地自表格中信手拈來。

❸為成果分類，讓它們更清晰

沒內容可寫很尷尬，但不是內容豐富就是好，試想一下，如果「行動－成果」表格上列出了幾十行甚至上百行的資訊，那是什麼感覺？

當資訊很多時要如何處理？前面講述四個寫作核心原則的時候，我們就提過歸類分組，將其體現在工作總結上，能讓寫的人釐清思路，看的人易於理解及記憶。

那麼該如何分類呢？在結構思考力理論體系中，分類有兩種形式，分別是開放式分類和封閉式分類（見下圖）。

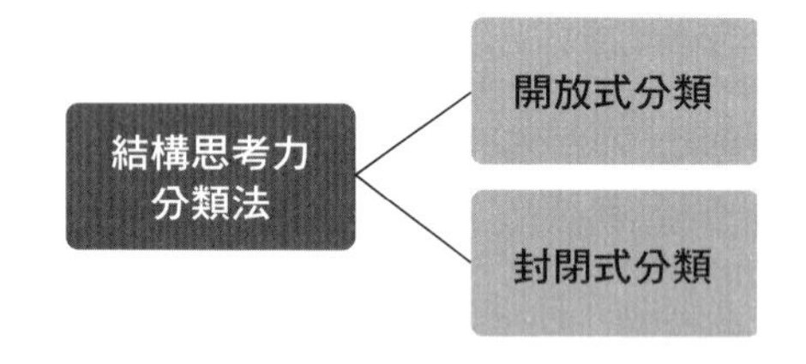

・**開放式分類：**根據實際情況選擇相應的標準，將需要呈現的資訊分為不同的類別。

・**封閉式分類：**選擇人們約定俗成、通用、成熟而穩定的模型，對資訊進行分類，使資訊能與模型的要素一一對應。

◎開放式分類

簡單地說，開放式分類就是我們自由地選定一個標準，然後依據這個標準進行分類。這裡說的「自由」就是沒有什麼限制，只要分類完以後，資訊的呈現形式是清晰、準確且符合實際需求即可。

很多時候，對於同樣的物件，只要選取的標準不同，分類的結果就會存在著巨大差異。就分類本身而言，每一種分類方式沒有好壞對錯之分，是否合適還得看實際情境的需求（如下圖所示）。

按角分類			按邊分類		
銳角三角形	鈍角三角形	直角三角形	等腰三角形	等邊三角形	不等邊三角形

開放式分類雖然可以自由選定標準，但這種自由是相對的，因為無論選取哪一種標準，最後分類的結果一定要遵循「MECE原則」。

何謂MECE原則？麥肯錫諮詢顧問芭芭拉・明托在《金字塔原理》（*The Pyramid Principle*）中提出這個重要的原則。

MECE是由「Mutually Exclusive, Collectively Exhaustive」這四個單字的首字母所組成，意思是「相互獨立，完全窮盡」。「相互獨立」要求同一分類中的各個資訊之間相互排斥，也就是**資訊不能重疊**。「完全窮盡」是相對的概念，在金字塔結構的同一層資訊組當中，那些對應於上一層「結論」的下層資訊，必須完全列舉窮盡，**不能有所遺漏**（也不能夠超越上一層的範疇）。

再來看前述提及的三角形分類：

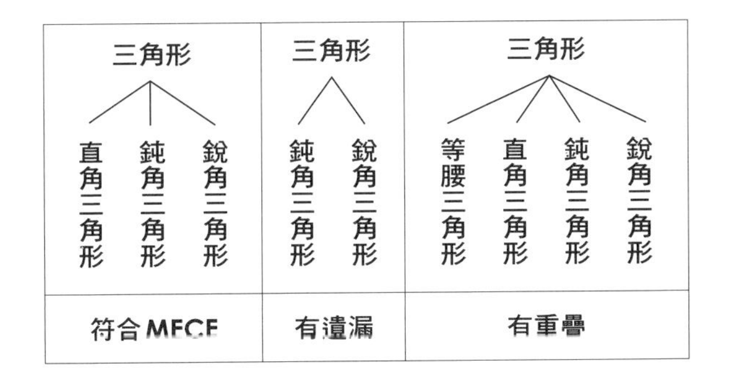

MECE原則看似簡單，但要真正實踐且落實並不容易。芭芭拉·明托以諮詢顧問的角度提出這一原則，如果缺少它的指引，諮詢工作就不可避免地陷入混亂。對普通人來說，要徹底地貫徹MECE原則會相當花費時間和精力。

我們用「行動－成果」表格來體現開放式分類：

開放式分類	行動	成果／目的
人事成本	嚴格控管薪資總額、人事成本	本年的人事成本預算執行情況良好
績效考核	修訂《績效考核管理辦法》	落實執行全員績效管理
	完善「考核指標系統」及「績效係數」	加強績效考核力度
人才引進	推動高階人才引入計畫	成功邀請〇〇大學的李博士進公司掛職服務
	向集團申報海外高階人才及人力的緊缺需求	加快海外高階人才及人力缺額的引進工作
勞動關係	進行用料和工程管理檢查	解聘長期留職停薪人員共〇〇人
獎懲機制	制訂《員工獎懲管理辦法》	明確公司的獎懲標準與程序
培訓	舉辦人力資源管理的實務培訓	充分利用外部資源展開培訓
	展開內部培訓師的評選工作	向上呈報內部培訓師人選及評選資料
	開發組織的培訓教材《〇〇實用工藝技術》	已納入集團大規模培訓的教材體系中

◎封閉式分類

所謂「封閉式分類」，就是直接套用人們耳熟能詳的模型、框架。例如，從事生產製造工作的人，可以直接使用「PDCA」模型撰寫工作總結，從規劃（Plan）、執行（Do）、檢查（Check）、行動（Act）這四個面向著手。如果是從事戰略分析方面的工作，則可以借用「波士頓矩陣」和「波特五力」等模型。

這些模型為我們提供成熟的分類方式，我們只需要將那些待整理的資訊，與模型中的要素一一對應，就能清晰地分類。這些模型或框架為人熟知且經歷過大量實踐的檢驗，借用這些模型分類資訊，會更容易讓對方理解和接受。

我們繼續使用前頁的例子，按照封閉式分類的方法進行分類：

封閉式分類	開放式分類	行動	成果／目的
選	人才引進	推動高階人才引入計畫	成功邀請博士掛職
		申報海外高階人才及人力的緊缺需求	加快人才引進的作業流程
育	培訓	舉辦人力資源管理的實務培訓	充分利用外部資源展開培訓
		展開內部培訓師的評選工作	向上呈報內部培訓師人選及評選資料
		開發組織的培訓教材	納入集團大規模培訓的教材體系中
用	人事成本	嚴格控管薪資總額、人事成本	預算執行情況良好
	績效考核	修訂《績效考核管理辦法》	落實執行全員績效管理
		完善考核指標系統	加強績效考核力度
	勞動關係	進行用料和工程管理檢查	解聘長期留職停薪人員
留	獎懲機制	制訂《員工獎懲管理辦法》	提高工作效益和經濟效益

這個例子的封閉式分類，借用了人力資源管理領域中經常使用的「選、育、用、留」框架。透過這種分類模式，就能清楚劃分看起來多而雜亂的資訊，不但有助於梳理資訊，也可讓讀者一目了然。

◎開放式分類＆封閉式分類

說完封閉式分類，我們回頭來看開放式分類，同樣是自己構建模型的過程。我們在封閉式分類中借用的模型，一開始都是源自開放式分類的無數次實踐，才成為人們熟知的模型。那些模型的創造者一般會是某領域的專家，提煉出的模型具備堅實的理論基礎，經得住廣泛領域的實際檢驗。

因此，無論是自己構建出模型的開放式分類，還是取用成熟模型的封閉式分類，本質都是建立起一種結構化、框架性的思維模式。

他山之石，可以借鑑！——凡行動必有結果，揪出成果「貼標籤」

◎「行動－成果」案例

案例 1

行動	成果／目的
修訂《外部安全管理實施細則》	已規範周邊環境的安全管理
完善《防斷措施》	規範出防斷流程
完善《防洪緊急應變預案》	順利度過汛期
積極落實執行「再檢查、再發函、再告知」	已增進周邊環境安全管控
加強對薄弱設備專項整治	提升管線設備品質
完成軍糧城站的差異沉降整治	設備恢復為標準設定
成立大數據監控分析室、數據分析小組	初步實現設備的狀態修復、預先修繕
召開維修現場會議	探索、改進作業方式和維修手段
全段範圍內維修損壞設備	節省開支75萬元
啟動全領域創新	取得7項科技成果
舉辦生產線講堂	職員素質提高
舉辦冬季培訓	幹部職員獲得鍛鍊與加強
修建練習室、電腦室	豐富職員的教育訓練

▶▶▶解析

本案例使用明顯的關鍵字，例如：已規範、已增進、初步實現、取得，這些詞都在告訴讀者「那些是我取得的成果」，並且提供了準確的資料，像是75萬、7 項。

本案例存在某些問題：有的成果在描述上很模糊，例如：增進、初步實現、有效提升等，這些詞句讀來可能令人心生疑問，究竟增進多少？初步？怎樣有效？提升了多少？

很多職場人士在寫工作成果時過於內斂，表達得遮遮掩掩，最後寫出來的文字顯得模稜兩可，缺乏力度和可信度。因此，在描述工作成果的時候，務必做到清晰、明確、肯定，避免使用「基本上、大概」這種似是而非的詞彙，並盡量拿出資料及數據佐證。

案例 2

以下再舉參加各項讀書會與課程為例：

行動	成果／目的
參加商業單位讀書會執行每日任務	・3月份讀13本書。養成早起、每日讀書、每日做筆記的習慣；學會速讀，提升讀書效率；學會思考作者的行文脈絡，能夠吸收更多知識。
參加開跑訓練營執行每日任務	・學會跑步基礎知識，避免運動傷害；養成每日運動的習慣，身體素質不斷提升。
參加開跑瘦身營執行每日任務	・18天減重6公斤，養成正確的飲食習慣。
訂閱專欄，每天執行聽讀寫任務	・掌握更多概念，提升認知，鍛鍊獨立思考的能力。
參加《結構思考力》的「七天體驗營」及「善寫」課程	・讓自己的思考更有效率，表達更有力。
精做《結構思考力》讀書筆記，將該方法用於年初述職	・前期吸收不多，但是運用對方法後，2月份年初述職上效果很好，得到大家一致認可，工作更加順利。
將讀書會及《結構思考力》課程所學實踐於工作中	・思考更加清晰，工作績效明顯提升，團隊氣氛越來越好。
帶動家人一起讀書、運動	・家庭關係越來越融洽，正能量滿滿。

▶▶▶解析

本案例是針對生活、學習、工作等面向做總結。「行動」描述得非常俐落、清晰，但描述成果就顯得拖泥帶水了。可以感覺出是為了盡可能多表現成果，導致字數偏多不精煉、沒有重點、成果的說服力不足，只是資訊的堆砌。

從本案例的「行動」來看，是相當充實的，而如何將這些影響描述得更加實在，是需要多多思考的問題。如果是你，又會怎麼描述成果？

若一項行動產生出多面向的成果，可以採用以下方式來歸納：

成果 1：……，或 A 方面成果：……

成果 2：……，或 B 方面成果：……

成果 3：……，或 C 方面成果：……

如此一來，在梳理成果時，就不是漫無邊際地羅列資訊，而是思路清晰，並且帶有明確的目的。這種提煉工作成果的方式，有利於下一步的總結概括。

案例 3

接下來，我們看看案例3在修改前後的對比：

◎修改前

行動	成果／目的
審核土建工程上年度設計變更	完成資料審核
解決土建工程復工前發現的問題	四家聯合場勘寫成紀錄
綠化工程進場前準備	監理已批覆開工
機電工程進場前準備	完成機電工程與土建工程的銜接作業

◎修改後

行動	成果／目的
審核土建工程上年度設計變更	・已審核工程立項變更和設計變更的工程量及費用，完成90%設計變更審核工作。
解決土建工程復工前發現的問題	・在20個問題中，徹底解決了17個問題，剩餘3個問題待土建工程按要求測量後再行解決。
協調綠化工程做進場前準備	・綠化工程已具備100%的進場條件
協調機電工程做進場前準備	・機電工程已具備80%的進場條件

▶▶▶解析

透過前後對比，相信大家已經看出其中端倪。修改前的「成果」非常不明顯，與「行動」的內容沒有形成對應。修改之後，能立即從字面上看出與「行動」的強烈關聯，並且使用具體數字進行說明，讓修改後的成果躍然紙上。

◎「成果分類」案例

案例 4

面向	行動／措施	成果／影響／目的
創業支援	開放創業補貼	給予創業企業資金支持
創業支援	發展創業沙龍	促進創業企業交流經驗
創業支援	創業基地完善服務	創業企業穩定成長

續上表

面向	行動／措施	成果／影響／目的
企業培訓	提供企業家培訓	提升企業家的管理水準
企業培訓	展開「公益講堂」培訓	提高從業者素質
企業培訓	展開「創新加速」訓練營	系統性提升企業創新能力
資訊服務	完善網站功能	企業服務項目更加全面
資訊服務	創建服務帳號	為會員提供更及時的服務
資訊服務	編發《中小企業》雜誌	多管道宣傳服務項目

▶▶▶解析

此案例的第一列是各個「面向」，是針對「成果」進行初步的分類。整個工作的成果總結下來，分為創業支援、企業培訓、資訊服務這三個面向。也就是說，這段時間裡主要做了三種類型的工作。如此一來，原本看似不相關的工作事項，無形中被一條隱形的線串聯起來，分類變得更有條理。

案例 5

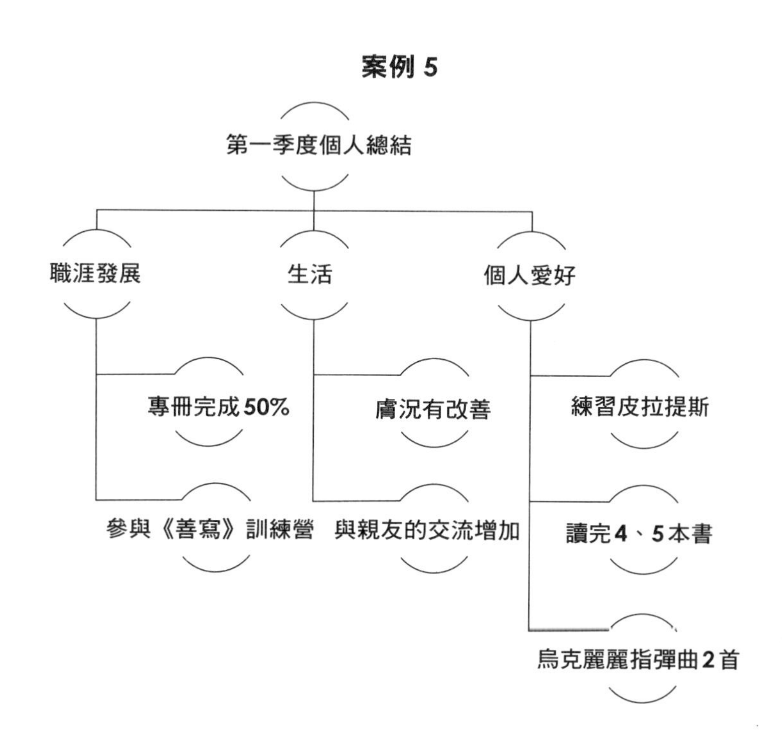

▶▶▶解析

本案例將「第一季度個人總結」分為三個面向，分別是職涯發展、生活和個人愛好。乍看之下整個分類貌似很清晰，實際上卻經不起推敲。

首先，看到第二層的職涯發展、生活、個人愛好，將其全部放到一個層級，並不符合人的認知習慣。因為職涯發展屬於工作方面，生活和個人愛好都是工作之外的生活日常。分類不只是把不同資訊分隔開來，還要考慮整體性。

再看第三層，「參與《善寫》訓練營」看不出與職涯發展有很強的關聯。「膚況有改善」和「練習皮拉提斯」屬於身體狀況改善。「與親友的交流增加」和「烏克麗麗指彈曲2首」則歸類為精神層面。我們試著重新分類看看：

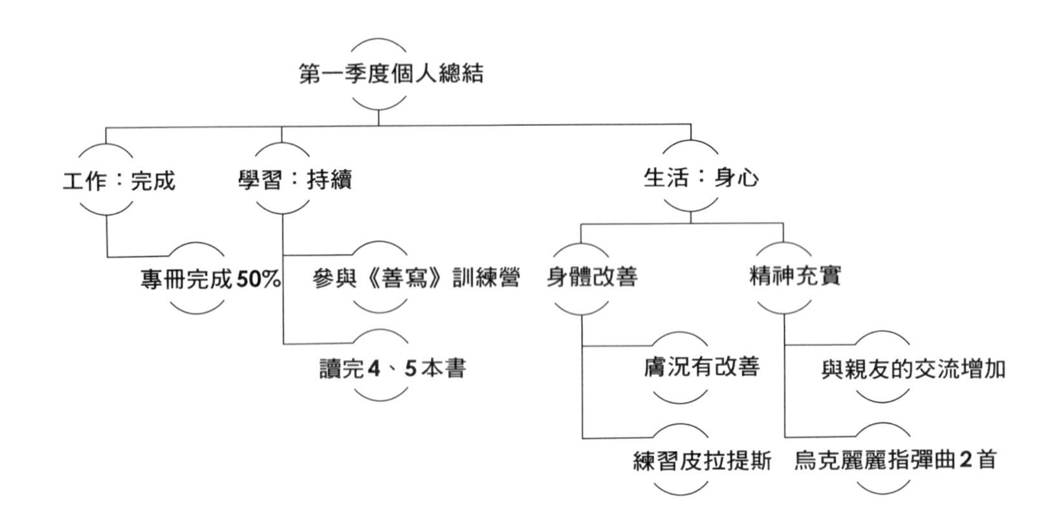

「工作、學習、生活」是人們常常掛在嘴邊的分類方式，甚至可作為一種封閉式分類的模型。把「生活」進一步分成「身體」和「精神」，這樣的分類更偏向於「成果導向」，更容易讓人快速抓住核心點。

分類的每個層次都需要深入思考，既要滿足清晰、合理的條件，又得符合人們的認知習慣，其實不太容易。好的分類需要深入理解手邊的資訊，並仔細挖掘其中隱藏的關係。以下用年度工作總結的案例來舉例：

案例6

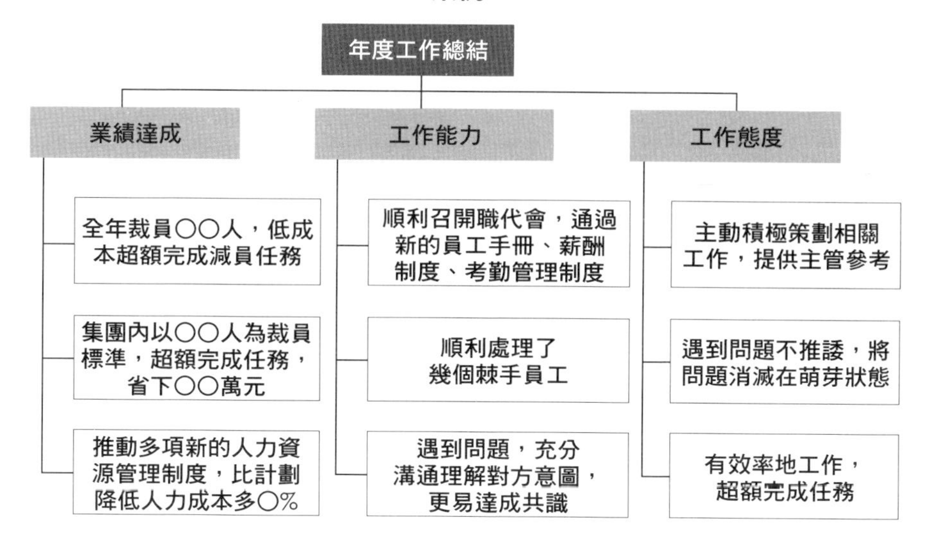

▶▶▶解析

此案例的第二層分類，和「案例5」有同樣的問題。「業績達成」是公司的目標，而「工作能力」與「工作態度」屬於個人成長，二者顯然可以歸為一類，但不適宜和「業績達成」同處一個層級。另外，為了使個人成長的分類更加完整，可以再擴充一項「知識」，構成ASK模型（ASK＝態度Attitude＋技能Skill＋知識Knowledge）。

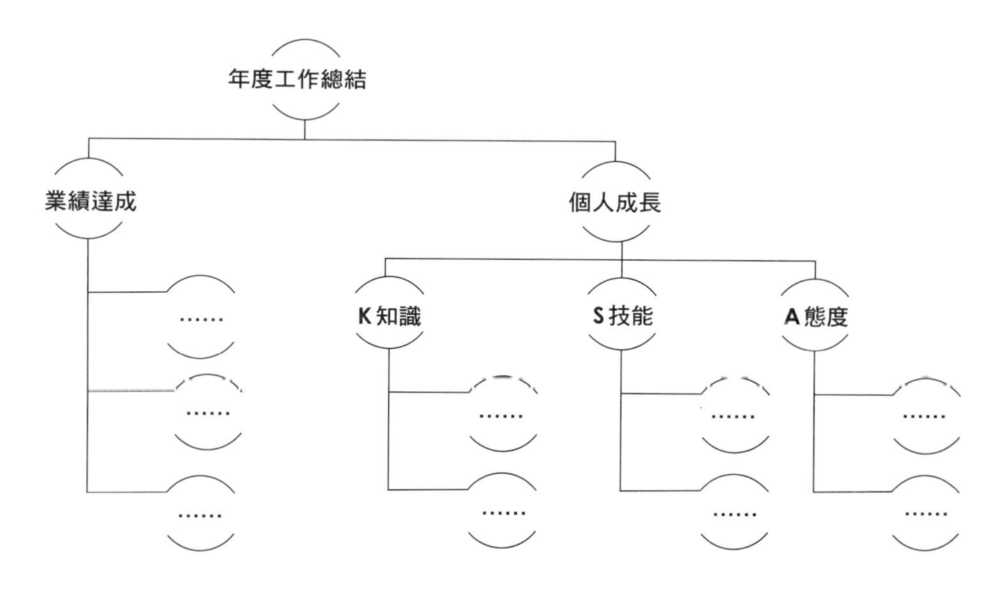

說到這裡，不得不提到查理・蒙格（Charles T. Munger），他是股神華倫・巴菲特（Warren E. Buffett）的黃金拍檔、完美合夥人。此處我們不說他創造的財富，而是他創造財富的祕訣——思維模型。查理・蒙格實際上是用一種系統的眼光看世界，他認為事物都是相互關聯、相互作用的，只有把那些零散的資訊、知識組織起來，整合為一個思想框架，才能形成正確的判斷，得以做出更好的決策。

其實，這就是一種「思維模型」，模型從哪裡來呢？可以自己創建，或是從日常生活累積。當大腦中的模組夠多，就可以隨時借鑑和調用，應用於各種情境中。

If 麥肯錫式的自問自答練習

- **問題 1**：實際寫作時，是否存在困惑？請列出您的困惑。
- **問題 2**：回憶「Step 1 成果分類」小節，講了哪些核心內容？請用自己的理解陳述。
- **問題 3**：看完本小節的內容，您有什麼感受？
- **問題 4**：對於我們的觀點，您認同、不認同哪些？怎麼修正會更好？
- **問題 5**：實際工作中，您如何處理類似情境所遇到的問題？
- **問題 6**：本小節的方法，如何應用到您的實際工作（或學習）中？

★Tips 你一定要學會挖掘成果背後的價值

很多人使用「行動－成果」表格之後，感嘆平時的工作紀錄像是流水帳，停留在表面的行為，而看似辛苦忙碌的工作並沒有體現出多大的價值。

因此，除了梳理資訊，「行動－成果」表的重要意義在於思考。你不僅得反思自己「做了什麼」，更要思考做了這些事之後，工作上取得什麼實質的成效？個人能力獲得怎樣的提升？崗位價值從何處體現？如果回答不出來，或者答案無法讓自己滿意，那就需要認真反思自己的工作方法，甚至是職涯方向的選擇。

排序整理：讓工作總結清晰、一目了然

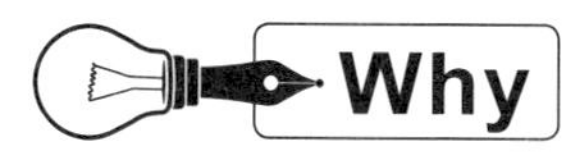

資訊除了分類還要排序

經過第一步的成果分類，我們羅列和挖掘了工作內容和成果，並藉由開放式分類和封閉式分類做進一步的處理。分類只是劃分資訊，將屬於同一範疇的資訊分為一組，使不同類別的資訊能夠形成清晰的邊界。

分類對資訊本身是沒有影響的，資訊不會因為分類而被無故刪減。前文討論過四個核心原則，當資訊量很多，僅歸類分組是不夠的，還要進行邏輯排序。在實際應用中，分類和排序往往密不可分。在溝通表達層面的資訊處理也是如此。在其他很多情況下同樣涉及到分類和排序。

比方說，大家熟知的「時間管理矩陣（四象限法則）」，就是將每天待處理的繁雜工作事項，按照「重要性」和「急迫程度」一分為四（見下圖），並依序完成，進而提高工作效率。

急迫 ⟶ 不急迫

重要 ↓ 不重要

A 重要 急迫	B 重要 不急迫
C 不重要 急迫	D 不重要 不急迫

職場人士的能力差異往往體現於這個環節，職業化的程度越高就越深諳此道。在接到工作任務以後，老鳥首先會分析任務，用時間管理矩陣分類，然後依序完成，這麼做往往能又快又高品質地完成任務，而菜鳥則總是處於慌亂的狀態，尤其是遇上有時間限制的情況，常常慌不擇路。

回到寫工作總結上，主管看你的工作成績時，一定是從頭到尾按照順序閱讀，所以我們寫工作總結時，哪些資訊放前面，哪些資訊放後面，就關乎表達的順序和安排，需要在寫作時思考清楚。

依三種順序對工作成果進行整理

❶不同的順序呈現同樣的內容

我們繼續使用前文HR李的例子。在四個核心原則的指導下，HR李的回覆已經非常清晰。實際上，基於不同的考量，還有很多種的表達形式。

(1) 形式A

HR李覺得「欲速則不達」，於是他制訂三步驟（如下圖所示）。第一步，他先深入了解和查找問題的原因；第二步，既然對英語要求高，就先安排英語的培訓；第三步，想深入解決問題，得從制度著手。

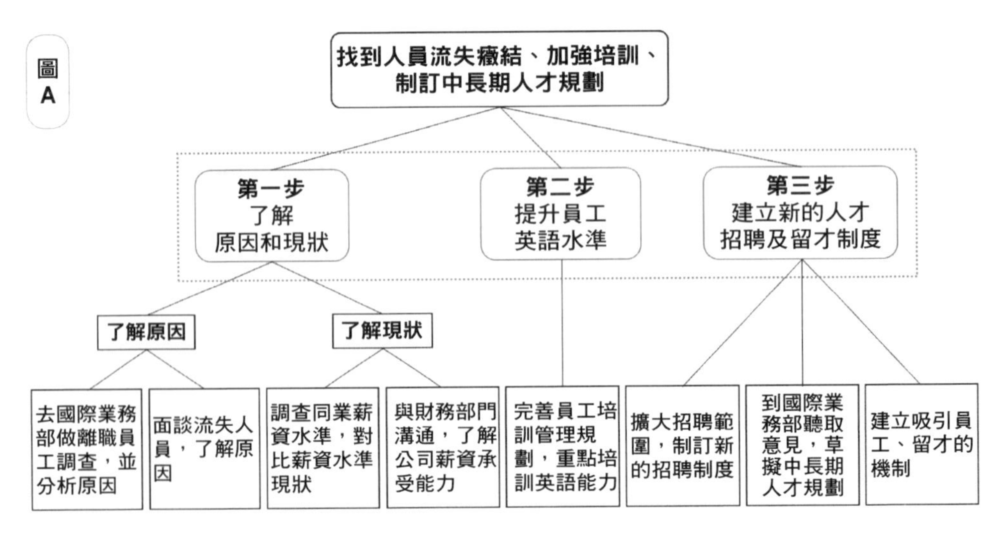

（2）形式B

HR李經過仔細分析，發現國際業務部目前存在的問題，可分解成三個小問題：招聘困難、員工能力不足、人才流失率高。他針對這三個問題，分別制訂解決方案（詳見下圖）。

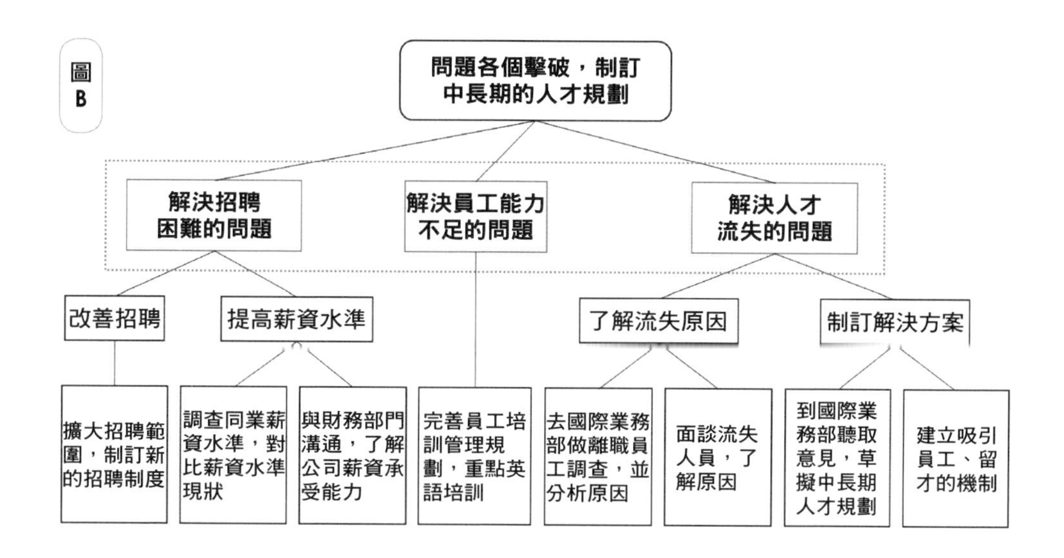

（3）形式C

HR李善於解決問題，考量到重要性和急迫程度，他決定先「治標」，再「治本」，先幫國際業務部招募合格的員工，因為人員不足將直接影響公司業務，最重要的是替合格人員安排崗位，承擔相應的工作，再從根本去了解現狀、查找原因，並制訂解決方案（詳見圖C）。

從三種形式可以見得，即使是同樣的內容，只要實際需求不同，表達形式就會隨之變化（但無論怎麼變化，都要符合四個核心原則）。它們的差異主要都體現在第二層，對應著我們平時常見的三種順序：

- **形式A：**時間順序。
- **形式B：**結構順序。
- **形式C：**重要順序。

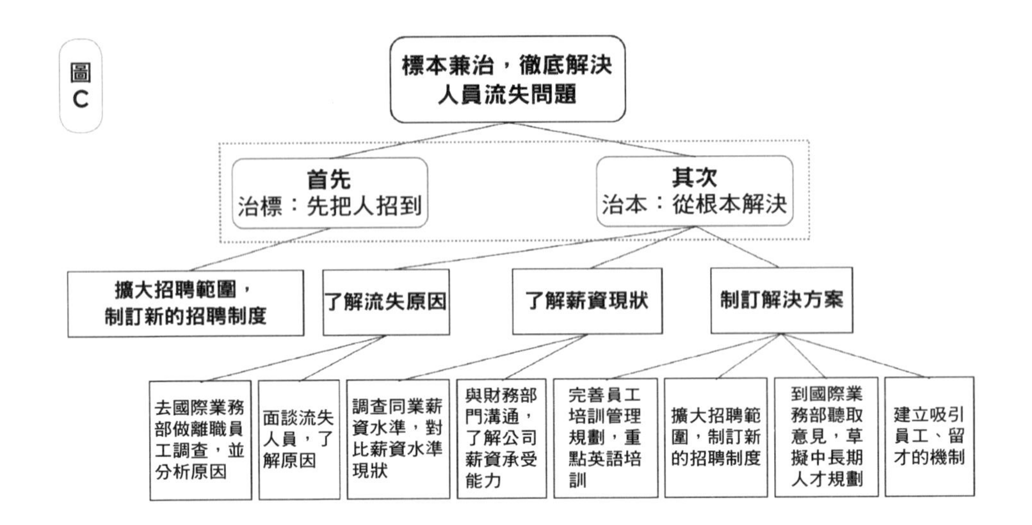

❷三種順序的核心是思維的整理

日常工作中，溝通表達時最常用的是時間、結構、重要這三種順序，也適用於整理工作總結，根據表達內容、實際情境的需要，選擇最適合的順序。

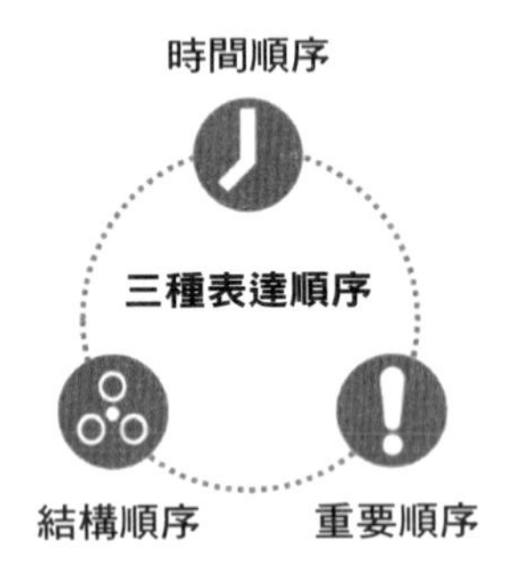

（1）時間順序

按照事情發生的先後排列，即為「時間順序」。以此形式展開的工作總結都是由遠及近，例如：年度工作總結必須從年初寫到年尾；某專案的工作總結按照前期、中期、後期的順序陳述；產品開發的工作總結分為階段一、階段二、階段三。總之，是從時間的維度，區分出先後的順序。

（2）結構順序

組成整體的部分或是構成系統的各個要素之間的關係，即「結構順序」。這些部分或要素往往是平行而並列的關係。劃分為部分的整體可以是實物，也能是虛擬的概念，例如：「形式B」的案例把一個大問題分解成三個小問題，就像大家熟知的「庖丁解牛」，一頭看得見、摸得著的牛，被分解成各個部位。

從整體拆解出的部分是屬於並列關係（符合MECE原則），但在表達時仍要按照某一原則將這些部分加以排序。排序的原則沒有定式，如何選擇取決於實際情境需求和表達目的。相同物件的表達重點不同，選擇的順序也就不同。例如：同樣是筆記型電腦，論及功能和配備，如果是「遊戲用」，商家在宣傳時多半會強調顯示卡、處理器、散熱功能；若為「商務用」，則優先介紹重量、厚度、螢幕尺寸等。

（3）重要順序

按事物輕重緩急進行排列，即「重要順序」。通常以「首要工作是……，其次……，最後……」的表達形式呈現。依重要順序排列，能使表達主次分明、突顯重點。

應用這三種順序時，需要注意的是，在金字塔結構上，每個分支中的相同層級只能選擇一種順序排序，否則會產生交叉重複的情形。例如：第一層是時間順序，第二層是結構順序，但是不能在同一層級中，一下子使用時間順序，一下又轉為使用結構順序。

他山之石，可以借鑑！——排序不難，三種順序組合Combo一把罩

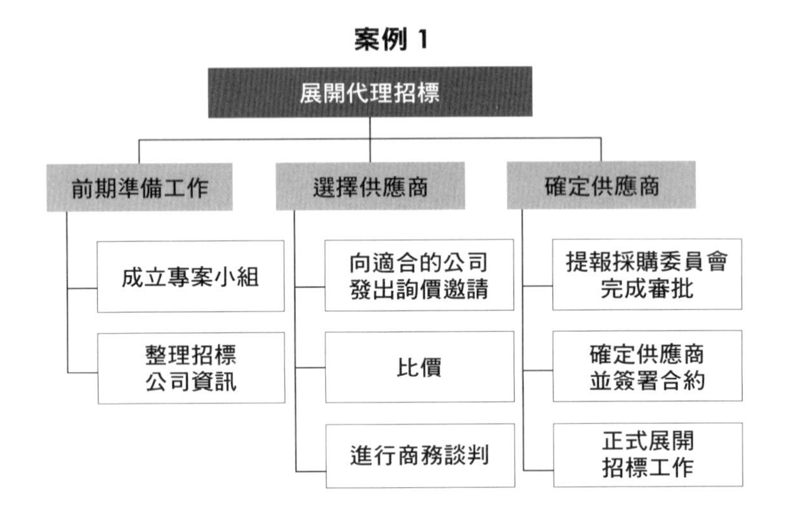

▶▶▶解析

第二層是典型「前、中、後」的時間順序，問題在於隊形不整齊，沒有統一的關鍵字及格式。第三層也是時間順序，但缺少向讀者明示的關鍵字，看完內容才知道這是時間順序。因此，實際應用時必須揭示資訊之間的關係。

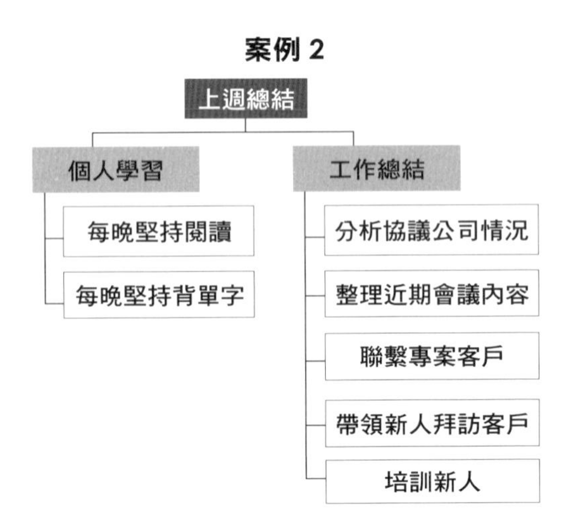

▶▶▶解析

案例2看似簡單，但其中存在非常具代表性的問題。在第二層「工作總結」之下，這5點有什麼關係？按照什麼順序排列？能不能進一步分類？**只要資訊量達到3項，最先要考慮分類和排序的問題**。案例2就這樣簡單羅列5項資訊，是典型把思考扔給讀者的行為，這顯露出對工作缺乏系統性思考。

案例 3

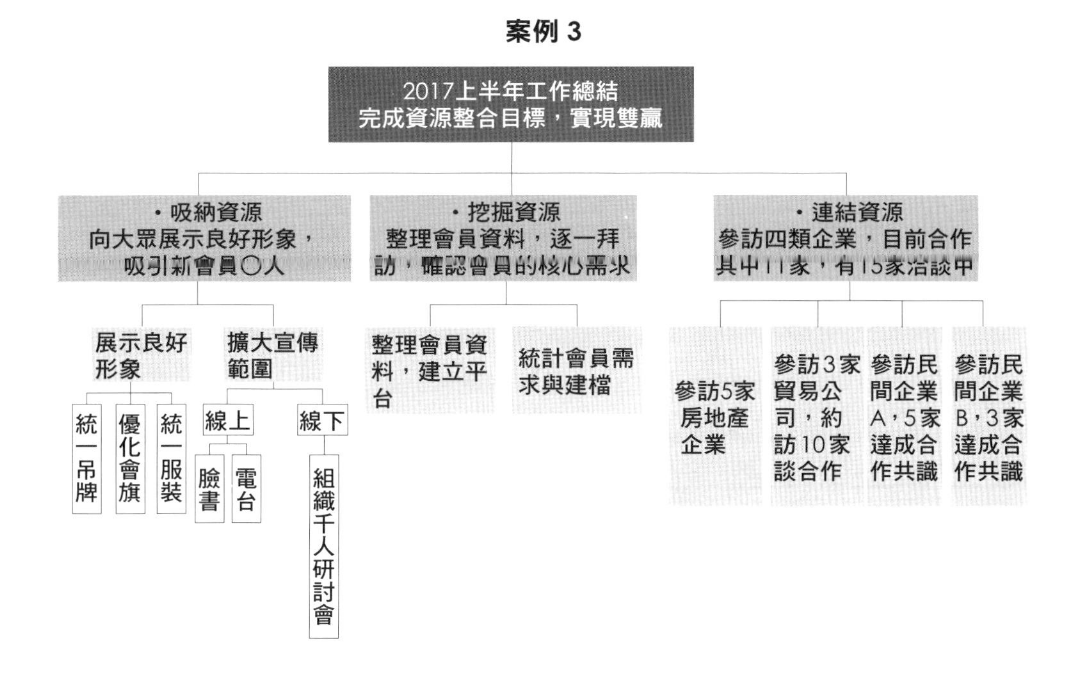

▶▶▶解析

「吸納資源、挖掘資源、連結資源」層層遞進，是非常好的包裝，屬於流程（時間）順序。此外，最好針對第二層，概括出更詳細的結論，可以改寫為如下內容：

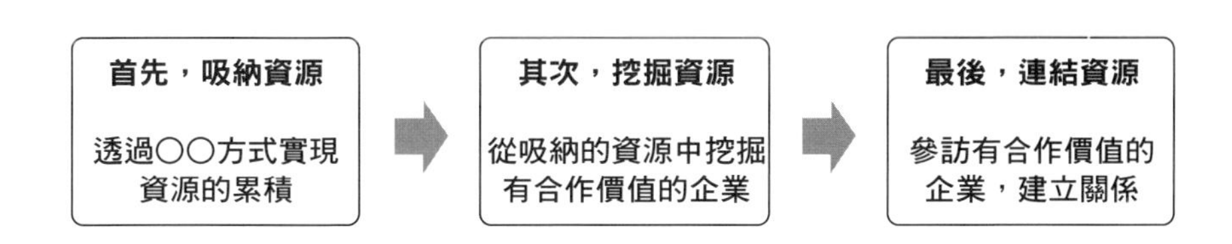

If 麥肯錫式的自問自答練習

- **問題 1：**實際寫作時，是否存在困惑？請列出您的困惑。
- **問題 2：**回憶「Step 2 排序整理」小節，講了哪些核心內容？請用自己的理解陳述。
- **問題 3：**看完本小節的內容，您有什麼感受？
- **問題 4：**對於我們的觀點，您認同、不認同哪些？怎麼修正會更好？
- **問題 5：**實際工作中，您如何處理類似情境所遇到的問題？
- **問題 6：**本小節的方法，如何應用到您的實際工作（或學習）中？

★Tips 如何做到順理而有序，和諧而不紊亂

很多人在寫作時，經常忘記思考排序，它是橫向關係的重要體現。準確恰當的順序，可以最直接地顯現出資訊之間的邏輯關係，一旦排序不恰當或缺乏順序，讀者就會難以理解內容，甚至產生誤解。

時間、結構、重要這三種順序，在各資訊之間屬於並列關係。另一種情況是資訊之間存在明顯的因果論證關係，例如：「現象／問題－原因－解決方案」，被稱為「邏輯順序」，在後面章節會談到。

總之，無論哪種順序，究其本質都是關注事物的內在聯繫，並在表達時體現出來，便於對方理解。

概括總結：將自己的工作業績，寫出老闆要的高度

工作業績的高度決定工作總結的優劣

還記得前述那位獲得長官盛讚的王老闆嗎？長官誇獎他的關鍵詞，是「有思想、有高度」。為什麼有的人可以依靠一份總結為職涯加分，有的人卻自毀前途？在不考慮態度的前提下，那就是能力問題。

「概括」是非常基本且重要的思維能力。如果說分類是將具有共同屬性的事物放到一起，那麼「概括」是將共有的本質抽取出來，形成關於這一類事物的普遍概念。

我們平常使用「概括」這個詞的時候，往往會和「抽象」搭配在一起，稱為「抽象概括」。「抽象」的拉丁文為abstractio，其原意是排除、抽出，可以說沒有抽象就不會有概括。「抽象」就是捨棄次要、非本質的事物，而把主要、本質的屬性抽取提煉出來。抽象本身也是一個概括的過程，因為它是不斷運用概念、判斷、推理的方式，來間接概括客觀事物的特徵，然後從事物的特徵中抽取相關的概念，再對它們進行加工。

概括是發現科學的重要方法，它將人們對較小範圍的認知提升到更大範圍的認知，從某個領域的認知擴充到另一個領域的認知。德國哲學家漢斯・賴欣巴哈（Hans Reichenbach）甚至表示：「發現的藝術就是正確概括的藝術。」

還記得前文提及的「SOLO分類評價理論」嗎？由低至高共5個層次，最高的層次是「抽象拓展（extended abstract）」。從思維層次的角度來看，概括是提升思維水準非常重要的一項能力，這項能力讓我們透過表象看見本質，幫助我們歸納零散的資訊，並從中發現規律。例如：王老闆的「今年打造具生命力的培訓專案」和「明年計劃打造支持業務發展的培訓體系」，就是他對自己的工作成果及計畫進行高度概括後的結果。

美國管理學學者羅伯特・凱茲（Robert L. Katz）指出，管理者必須具備三種技能：技術能力、人際能力、概念能力（詳見下圖）。前二者能力容易理解，那什麼是概念能力呢？它是指管理者能夠對複雜情況進行分析診斷、抽象概念化的能力，也是高階職業經理人最迫切需要的本事，因為高階管理者需要看透現象的本質，不能被紛雜的表象所迷惑，要能夠從複雜的資訊中找出問題。概括顯然屬於概念能力中的一部分。

If you can't explain it simply, you don't understand it well enough.
如果你不能用簡潔的方式解釋一件事，那表示你還沒有把它想清楚。

——阿爾伯特・愛因斯坦

要做到「simply」，需要強大的概括能力來支撐。

子曰：「詩三百，一言以蔽之，曰『思無邪』。」

——語出《論語・為政》

《論語・為政》中，孔子說：「《詩經》三百篇用一句話概括，即『思想純正』。」概括一方面是抽取重點、化繁為簡；另一方面是透過概括形成結論。

關於結論，在前面「結論先行」的部分已經分析過。在這裡，我們是將它視為一個總括性的名稱。在不同的情境下，結論可以是觀點、判斷、主張、見解等。不管用哪一個詞，它們的共同點都是要求我們在表達時，明確地讓對方知道「你到底想說什麼」。

有個英文單字可具體表達出結論的含義，那就是「point」。當老外聽對方說了一大堆，卻無法理解時，就會問一句「What's your point？」。

順帶一提，工作中不可或缺的PPT，全稱是PowerPoint。很多職場人士在做PPT時，往往堆砌大段文字，彷彿恨不得直接從Word裡複製貼上，這種做法違背PPT的本意。要做出好的PPT，首先得形成清晰明確的point，接著是優化，讓你的point更具有power，做到這兩點才算真正完成一個PPT。

再看一個案例，下圖是W公司職員小孫對「會議效率低下」問題的總結。可以看到小孫對這些問題已有很清晰的分類，並且為不同類型的問題命名。就分類而言，他已經做得非常好，可是內容的表達還不夠充分，因為目前他只能向主管這樣彙報：「會議效率低下，主要是由論點、會議本身、發言者、調度等四個方面的原因造成。」主管聽完依然不知道問題出在哪，得追問一句：「都存在哪些問題呢？」小孫進一步回答：「論點方面，包括話題方向偏離、會議紀錄沒有歸納……；會議本身存在這些問題……；另外還有……。」估計主管不等他說完，就不耐煩地打斷他了。

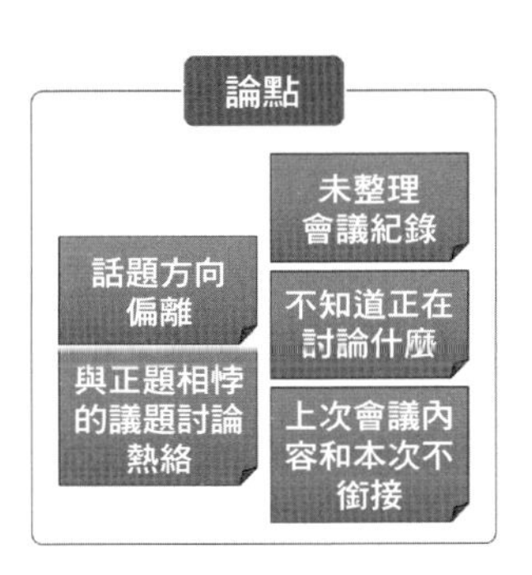

小孫的問題出在表達方式缺乏「中心思想的主題句」，簡而言之就是缺少結論，所以小孫的概括並不徹底。發現問題後，小孫做了下圖的修改，再次找主管彙報：「會議效率低下，主要由四個面向的問題所導致：第一，討論不扣主題；第二，會議時間長、次數過多；第三，發言僅限少數人；最後是日程與會議室調度困難。」這一次，主管非常滿意。

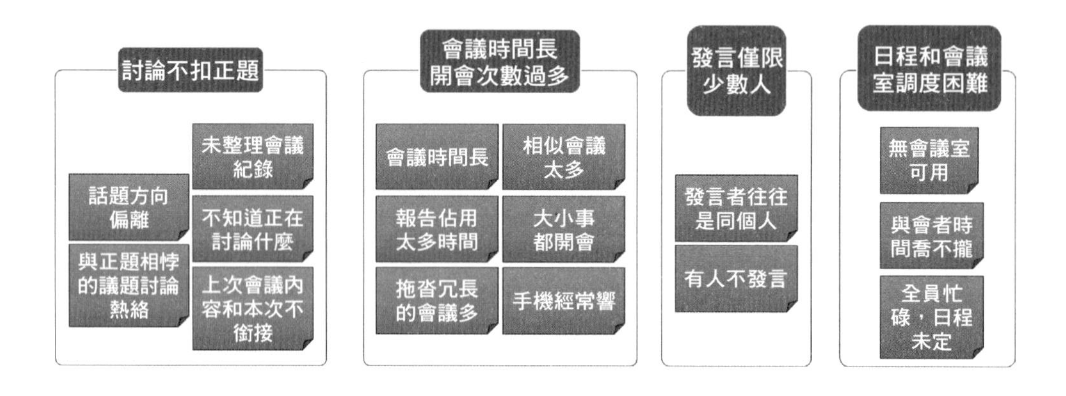

由此可知，概括能力主要體現於兩方面：第一，抽取共同本質的能力；第二，形成明確結論的能力。當一個人具備一定的概括能力，就能在短時間內將一件複雜的事情用簡潔的方式說清楚，使對方快速抓住自己想表達的重點。

 What 透過資訊摘要法和邏輯推論法概括結論

❶ 兩個有趣的案例

工作總結要寫得有思想、有高度，那我們就需要對工作成果進行「概括」。前面提過，概括包括兩個面向：其一是抽取出共同的本質；其二是形成明確的結論。如何才能做到呢？我們來看兩個例子。

案例 1

主管想了解消費者當前的需求，請員工做市場調查，該員工回報：「現在消費者的需求五花八門，A想要甲蟲、B想要倉鼠、C想要蜥蜴、D想要兔

子、E想要烏龜。」主管打斷他：「你簡單告訴我，消費者的需求到底是什麼？」員工一臉無辜，心想我都說那麼詳細了，還要怎麼說才能讓你聽得懂？

主管看出他的心思，決定引導他思考，於是接著問：「你想想消費者的需要有什麼共同點？概括看看。」員工頓時豁然開朗：「我知道，消費者需要小動物！」主管又問：「然後呢？他們需要小動物做什麼？」員工回答：「他們想要把小動物當寵物養。」

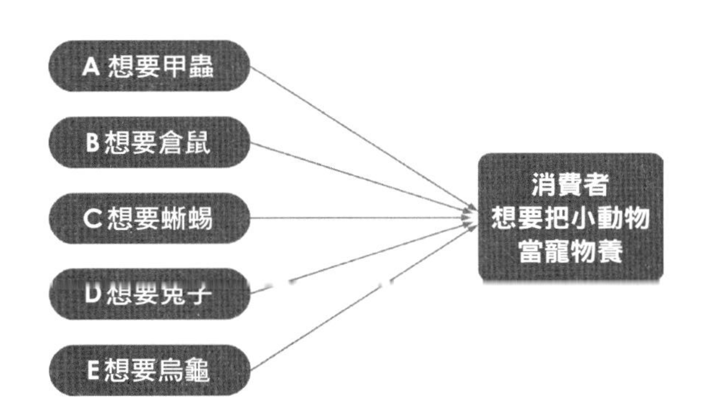

這位員工只是在羅列資訊，看似說了很多內容，實際上都不是主管關心的重點。這暴露出他沒有深入思考問題，經過主管引導才說出結論。

案例 2

律師向客戶解釋「財產共有」將造成的影響：「財產共有可能妨礙你訂立遺囑、增加房屋稅、產生贈與稅、使離婚的手續更複雜⋯⋯。」客戶聽完一頭霧水：「財產共有到底對我的生活有什麼影響？」律師意識到自己說得太專業了，於是說：「簡單來說，財產共有會損害到你的家庭。」

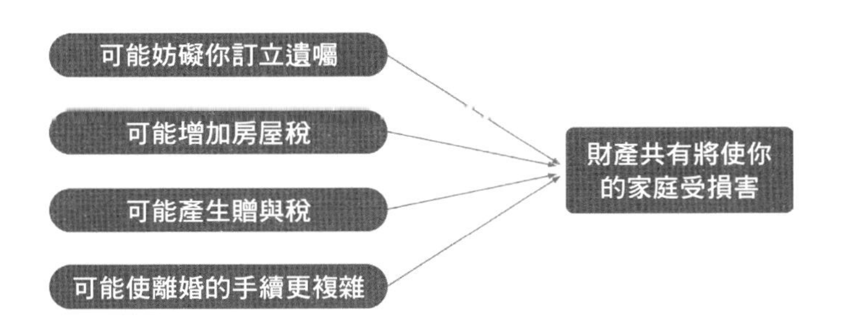

律師說得極其詳細，但客戶只想要知道自己會受什麼影響。其實，律師所說的每一條，都將導致同樣的結果，那就是家庭受到損害。所以，最後律師用一句話概括了所有內容。

❷資訊摘要法＆邏輯推論法

案例1和案例2的相同之處在於，都用一句話概括完所有內容，讓聽者立刻明白內容的關鍵所在。兩個案例分別使用「資訊摘要法」與「邏輯推論法」。

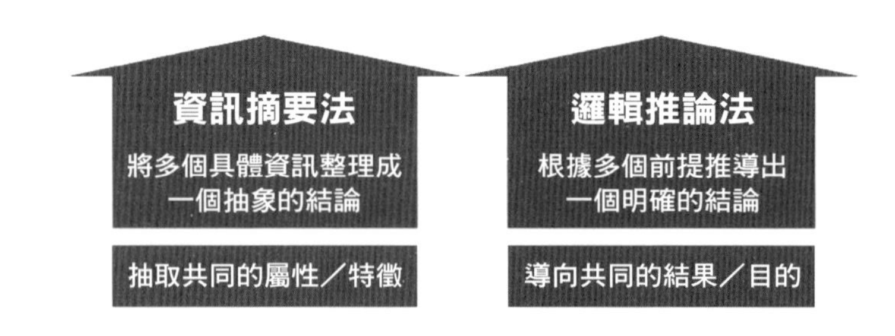

・**資訊摘要法：**從多個具體資訊中，抽取出本質的、共同的特徵或屬性，形成抽象的上層資訊（結論）。案例1的「甲蟲、倉鼠、蜥蜴、兔子、烏龜」，它們共同的屬性就是「小動物」。

・**邏輯推論法：**根據多個前提推導出一個明確的判斷，而且這些前提經過進一步地推論，會導向共同的結果和目的。案例2的律師雖然列舉出4條不同的資訊，但都導向同一個結果——將使家庭受到損害。

要特別說明的是，無論使用哪一種方法進行概括，最終都會形成一個清晰而明確的結論。前文的兩個案例中，兩位資訊接收者（主管和客戶）在還不理解對方想表達什麼時，都覺得：「你跟我說那麼多，然後呢？」當我們不自覺犯了「羅列資訊」的毛病，如果對方反問：「然後呢？」我們是否能即時概括這些資訊，進而形成結論？

在實際工作中，「邏輯推論法」使用的頻率較多，難度也更大，需要更深度且廣泛的思考才能概括出結論。一個簡單羅列資訊的工作總結和一個經過高度概括的工作總結，會有怎樣的差別？各位可以透過實際案例感受一下：

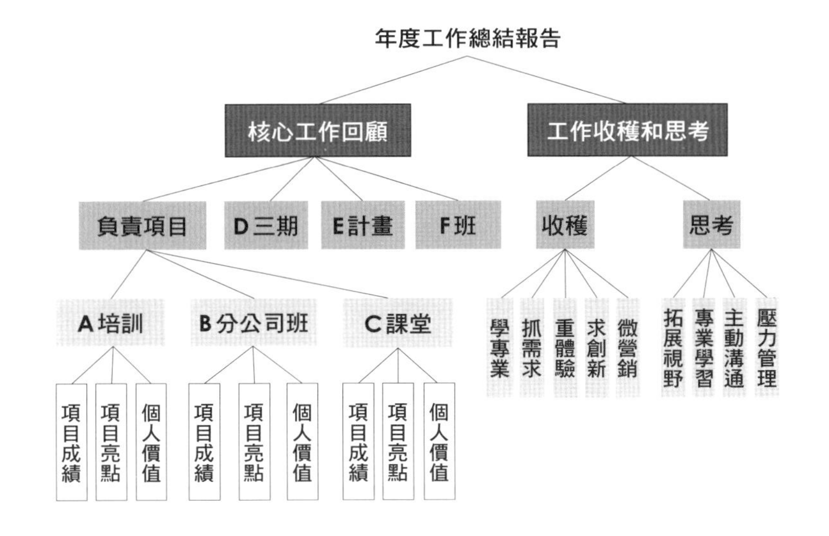

這是前述那位王老闆的工作總結結構圖，我們只看本年度的總結。王老闆修改前的工作總結中規中矩，與大多數人的工作總結一樣，同屬被動展示資訊的典型。接著我們來看王老闆修改後的結構圖：

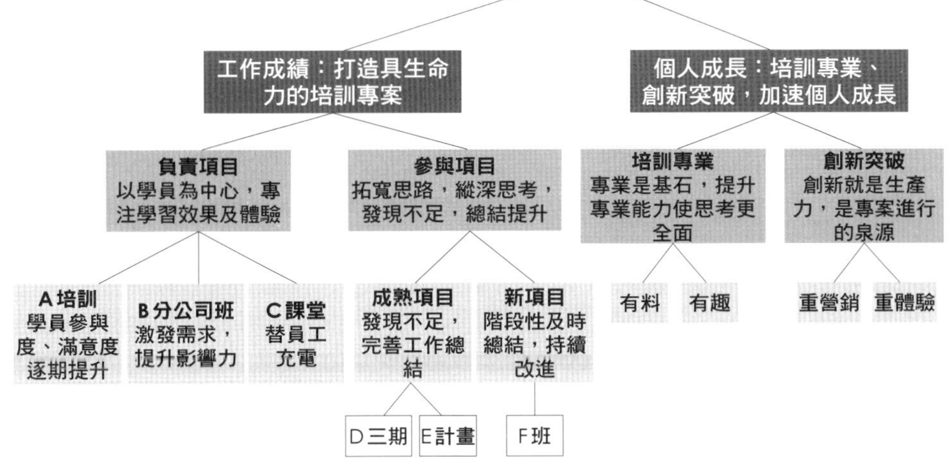

修改前，將明顯不同層次的資訊放到一個層次上（見下圖）。另外，修改前後的工作總結，最明顯的對比是修改後的結構圖在每一層都概括出結論（見上圖），這些結論都充分顯現王老闆對自身工作的深刻理解及思考。

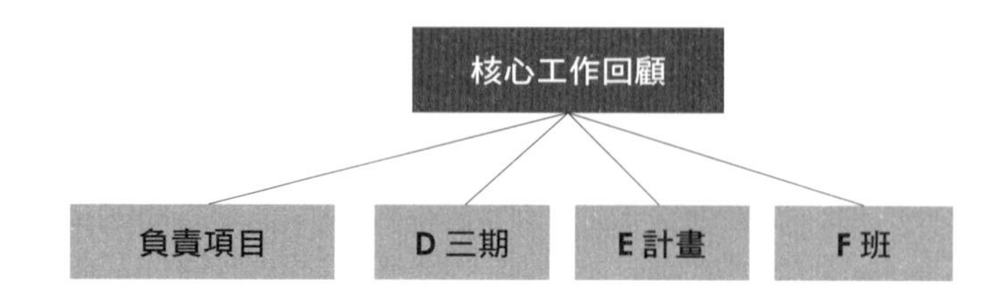

修改後，「D 三期、E 計畫、F 班」被放到最底層（詳見下圖），而且做了進一步的分類和概括，讓三者間的關係展現得淋漓盡致。所以，四個核心原則是能夠隨時調用的工具，而不僅是紙上談兵的理論。

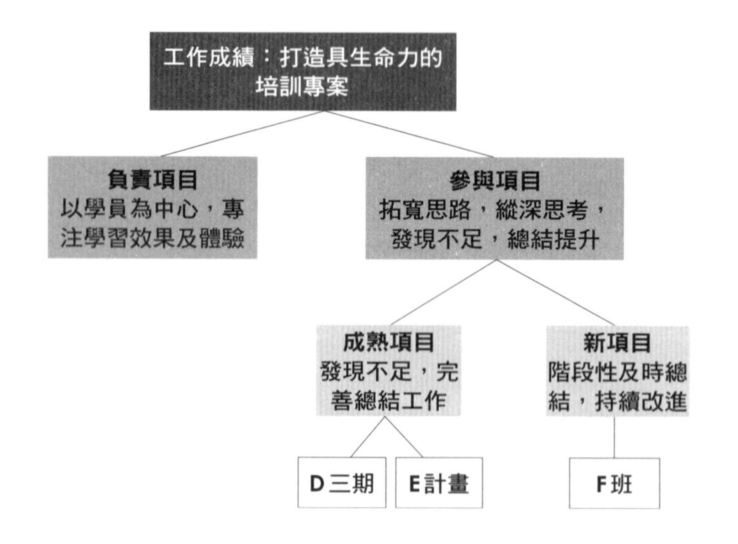

我們再沿用前述案例來概括總結，看資訊如何一層層地完成向上概括。首先，經由歸類分組形成初步的結構圖（見下頁）。此結構圖的第三層是採用「開放式分類」，第二層則是套用「選、育、用、留」模型的「封閉式分類」。

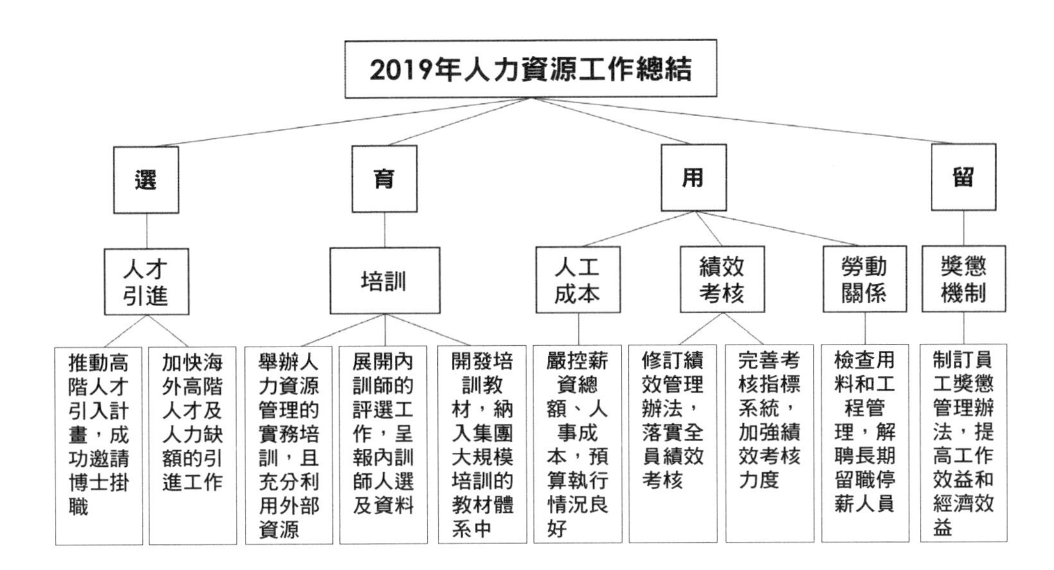

第三層只有簡單的「分類名稱」，如果僅這麼表達，仍會讓人不甚理解。我們先對第四層資訊做初步概括，也就是在第三層形成結論，修改後如下圖：

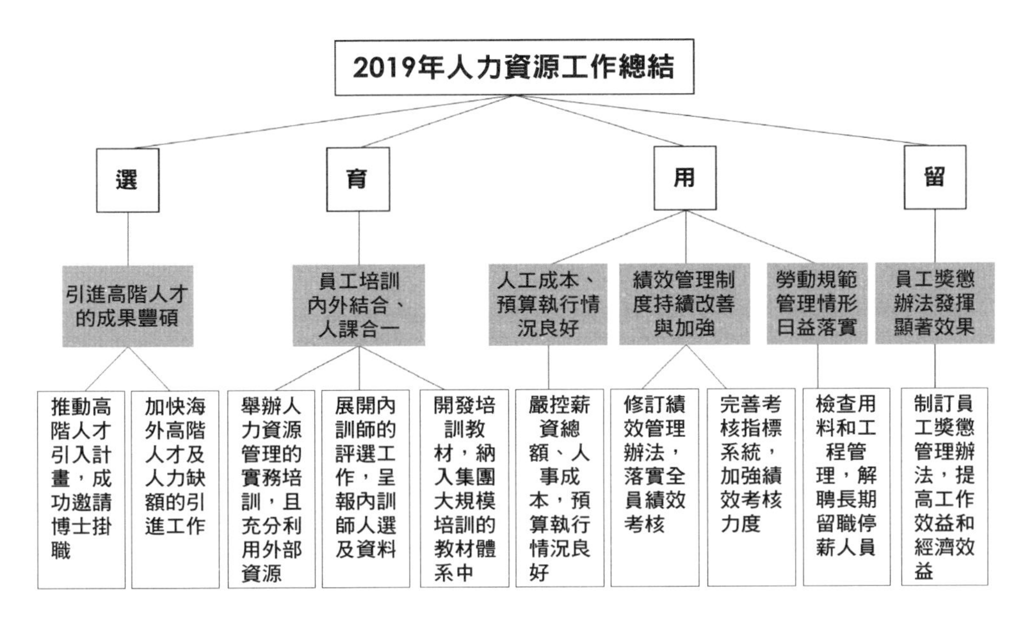

從上圖可以看到，「用」的層級之下仍然有三項資訊，我們最終以第三層的封閉式分類結果，繼續概括第二層的「選、育、用、留」，使其都匹配上相應的結論（見下圖）。

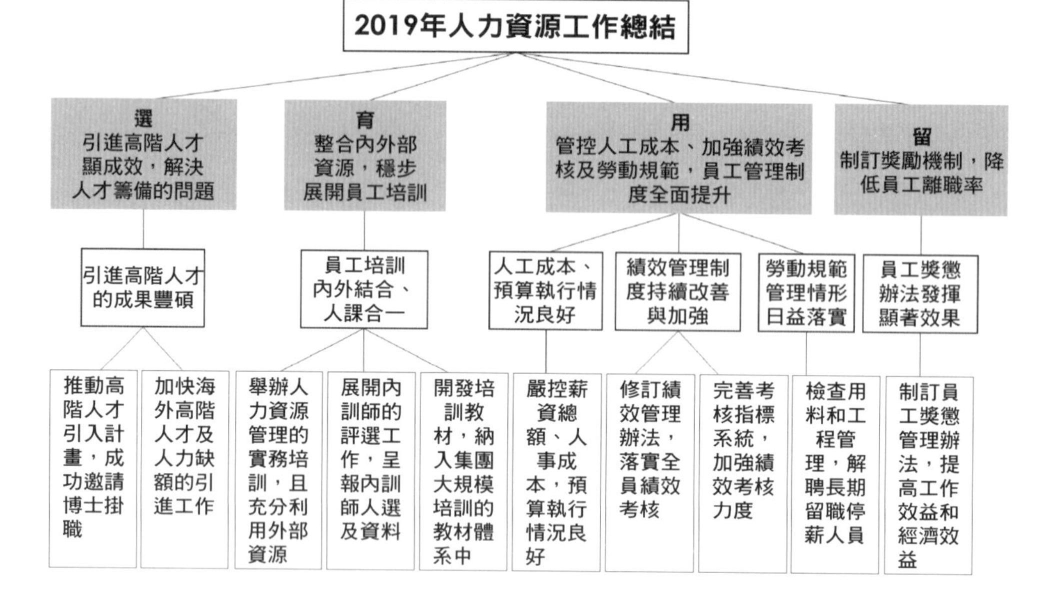

接著，在「標題」進行最終的概括。

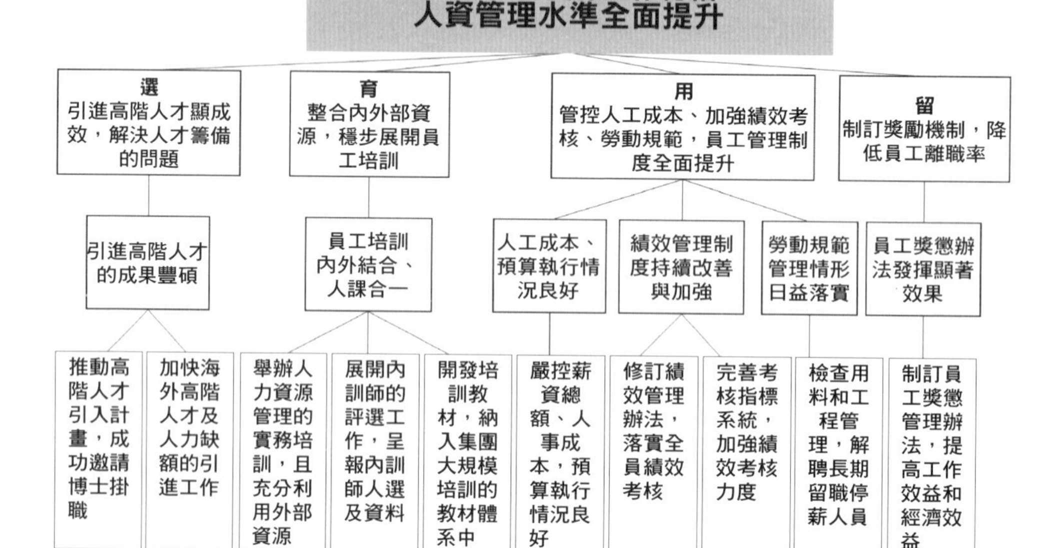

藉由這個過程，大家可以體會到「結論先行」所要求的「除了最底層的事實與資料，往上每一層都應該是一個結論」。

接下來，看一個我們線上輔導的實際案例（見結構圖Ⓐ→Ⓒ），雖然細節上還存在一些小問題，但整體思路還是相當不錯。

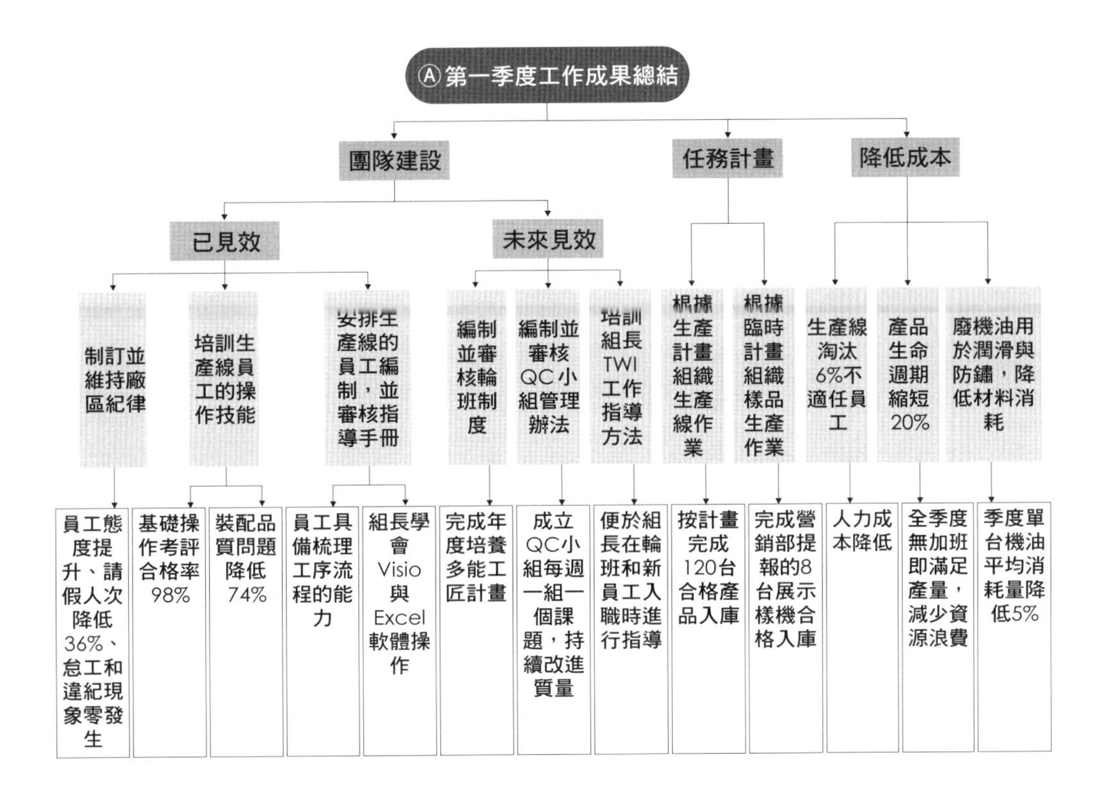

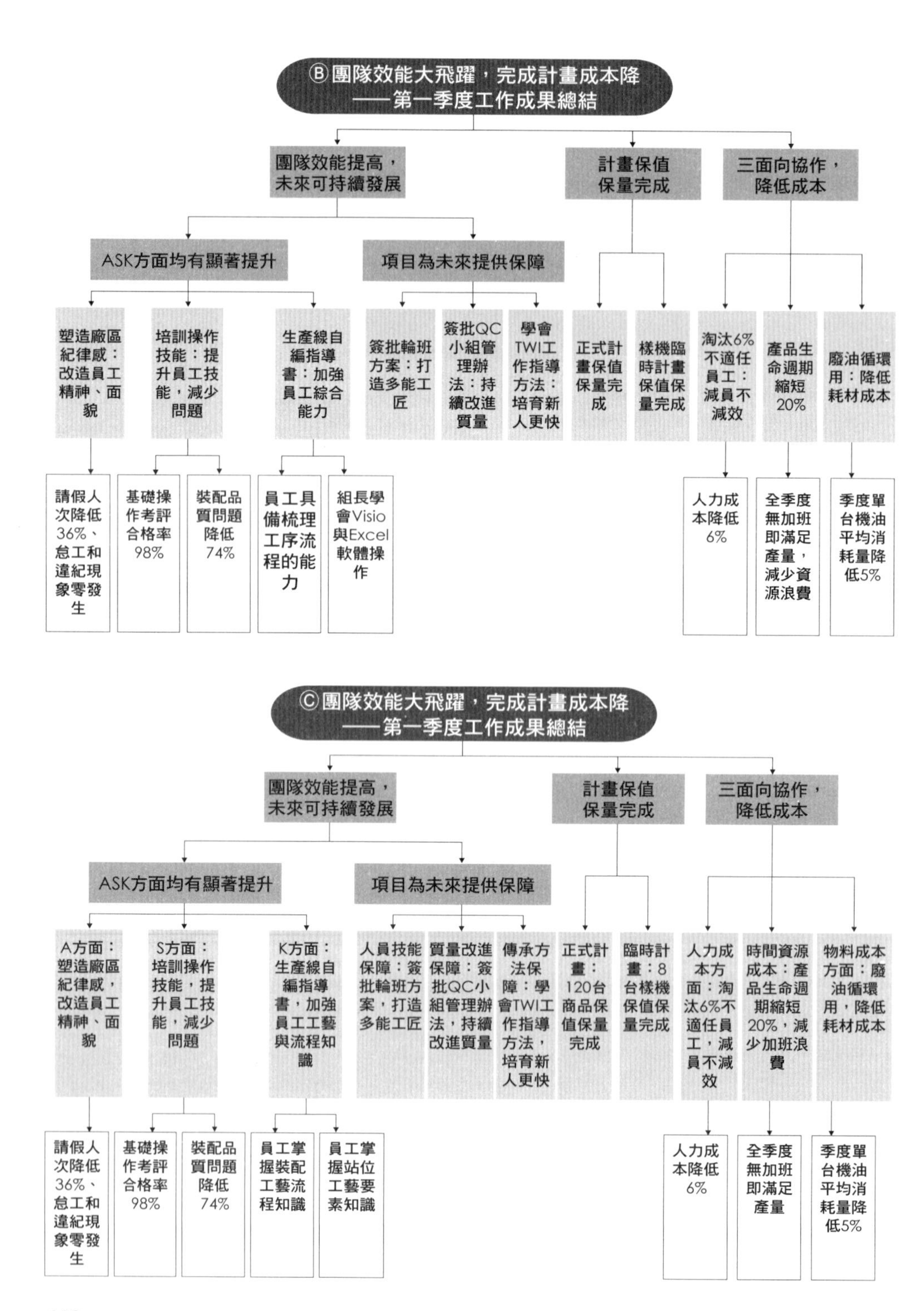
Ⓑ團隊效能大飛躍，完成計畫成本降
──第一季度工作成果總結
團隊效能提高，未來可持續發展
計畫保值保量完成
三面向協作，降低成本
ASK方面均有顯著提升
項目為未來提供保障
塑造廠區紀律感：改造員工精神、面貌
培訓操作技能：提升員工技能，減少問題
生產線自編指導書：加強員工綜合能力
簽批輪班方案：打造多能工匠
簽批QC小組管理辦法：持續改進質量
學會TWI工作指導方法：培育新人更快
正式計畫保值保量完成
樣機臨時計畫保值保量完成
淘汰6%不適任員工：減員不減效
產品生命週期縮短20%
廢油循環用：降低耗材成本
請假人次降低36%、怠工和違紀現象零發生
基礎操作考評合格率98%
裝配品質問題降低74%
員工具備梳理工序流程的能力
組長學會Visio與Excel軟體操作
人力成本降低6%
全季度無加班即滿足產量，減少資源浪費
季度單台機油平均消耗量降低5%
Ⓒ團隊效能大飛躍，完成計畫成本降
──第一季度工作成果總結
團隊效能提高，未來可持續發展
計畫保值保量完成
三面向協作，降低成本
ASK方面均有顯著提升
項目為未來提供保障
A方面：塑造廠區紀律感，改造員工精神、面貌
S方面：培訓操作技能，提升員工技能，減少問題
K方面：生產線自編指導書，加強員工工藝與流程知識
人員技能保障：簽批輪班方案，打造多能工匠
質量改進保障：簽批QC小組管理辦法，持續改進質量
傳承方法保障：學會TWI工作指導方法，培育新人更快
正式計畫：120台商品保值保量完成
臨時計畫：8台樣機保值保量完成
人力成本方面：淘汰6%不適任員工，減員不減效
時間資源成本：產品生命週期縮短20%，減少加班浪費
物料成本方面：廢油循環用，降低耗材成本
請假人次降低36%、怠工和違紀現象零發生
基礎操作考評合格率98%
裝配品質問題降低74%
員工掌握裝配工藝流程知識
員工掌握站位工藝要素知識
人力成本降低6%
全季度無加班即滿足產量
季度單台機油平均消耗量降低5%

他山之石，可以借鑑！
——濃縮共同點，條條大路通概括

案例1

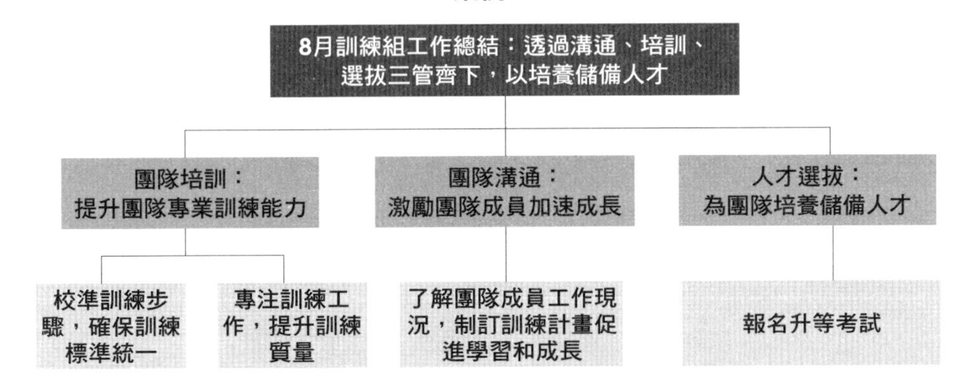

▶▶▶解析

這個案例中存在兩個大問題：①順序的問題，看不出「溝通、培訓、選拔」三者有什麼關係；②概括的問題，上層結論是「透過溝通、培訓、選拔三管齊下，以培養儲備人才」，也就是說「培養儲備人才」是最終目的，但到了下一層，卻只有「人才選拔」項目是為了培養儲備人才。這麼看來，核心結論是以偏概全，沒有做到以上統下。所以，本案例需要進一步思考：培訓、溝通和選拔之間究竟是什麼關係？

案例2

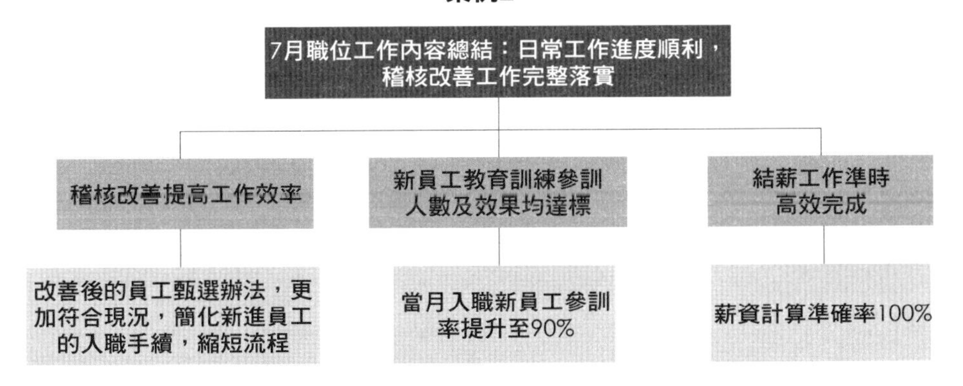

▶▶▶解析

最終結論：日常工作進度順利，稽核改善工作完整落實。有兩個面向需要思考：①「日常工作」與「稽核改善工作」的關係能否概括；②頂層結論是對「日常工作」與「稽核改善工作」兩方面概括，但第二層卻從三個方向開展，這三個方向與這二者要如何對應。從內容可以看出，「新員工教育訓練……」與「結薪工作……」應屬於日常工作， 所以可以將結構調整為下圖：

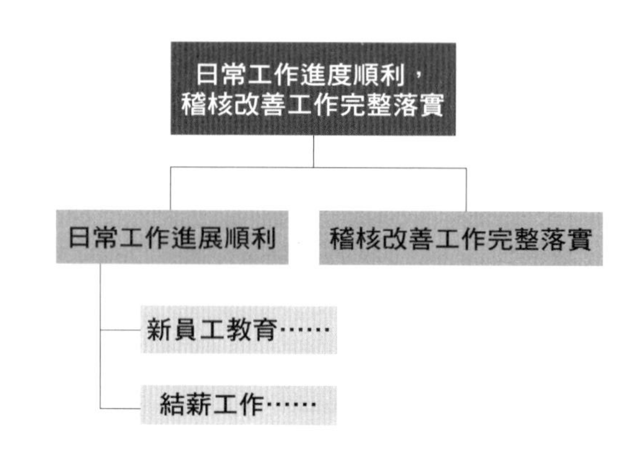

案例3

▶▶▶解析

最高層的結論是「節省成本15%」，下一層展開的三個面向中，前兩個分別是「為公司節省資金5%」及「10%」。問題是成本與資金是否能畫上等號？是否可直接將兩個百分比相加？此外，第二層的第三項談的不是節省成本，而是人員流失率的問題，卻一樣被概括為「節省成本」，而且「財務、行政、人力資源」的排序，是基於何種考量也看不出來。整體來說，從框架到細節都存在問題。根據內容，可以對大的框架做出以下調整：

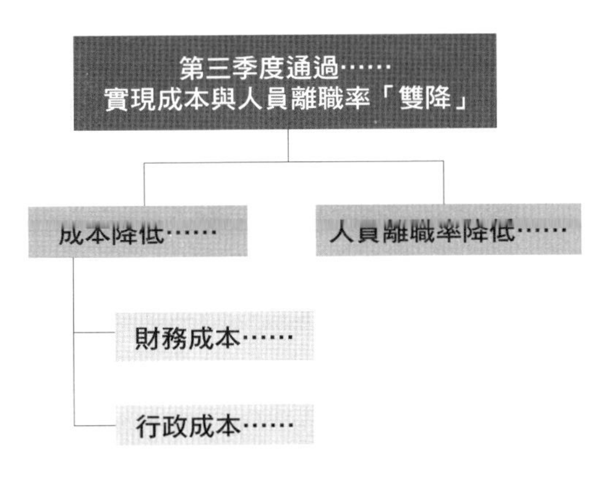

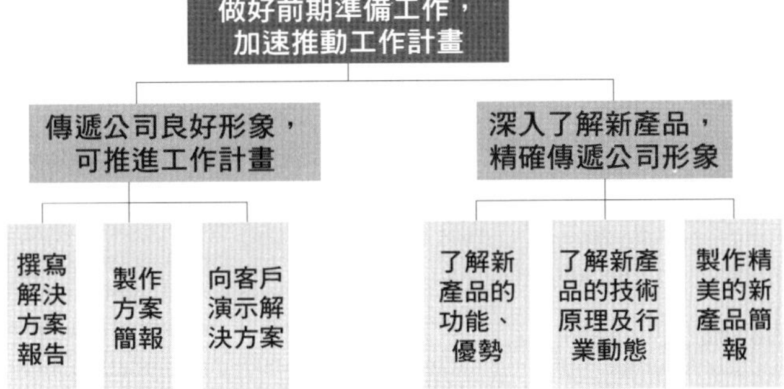

▶▶▶解析

最終結論：做好前期準備工作，加速推動工作計畫。但是，第二層的兩個面向當中，僅前者提及「推進工作計畫」。另外，這二者都提到「傳遞公司形象」，但這與「推進工作計畫」又有何關係？為什麼沒有體現在最終結論上？

第二層「傳遞公司良好形象，可推進工作計畫」下面的三項，都是關於「〇〇解決方案」，可是頂層的結論卻隻字未提，給人的感覺就是「上層結論」與「下層資訊」沒有任何關聯。

再看「深入了解新產品，精確傳遞公司形象」以下的三個項目，前二者「了解新產品⋯⋯」實際上都在說同一件事，卻被拆成兩項，令人費解。整體結構的呈現非常混亂、沒有重點，完全不知道想表達什麼。

案例5

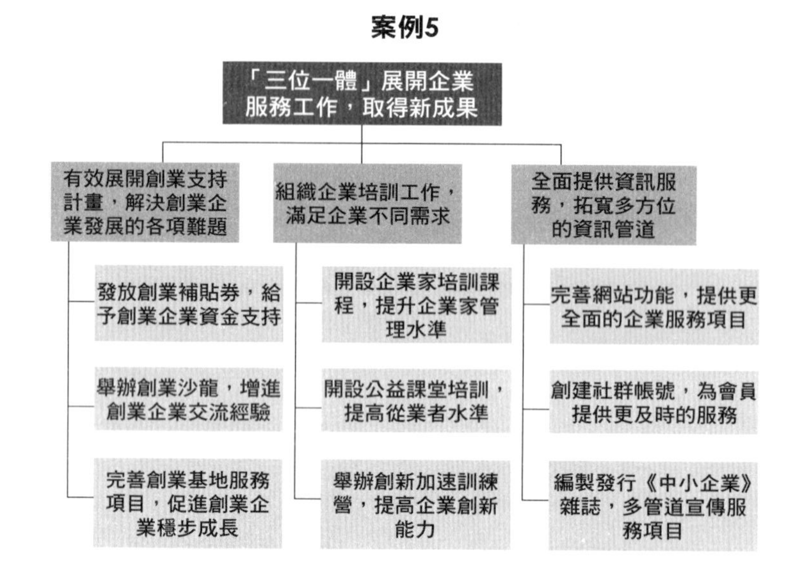

▶▶▶解析

整體來看，案例5的結論概括得非常到位，讓人清楚知道做了些什麼事，獲取哪些相應的成果。不過，細節上可以再優化，既然最上層的結論提及「三位一體」，第二層最好也形成對應，明確告訴讀者是哪三位。

If 麥肯錫式的自問自答練習

- **問題 1**：實際寫作時，是否存在困惑？請列出您的困惑？
- **問題 2**：回憶「Step 3 概括總結」小節，講了哪些核心內容？請用自己的理解進行概括。
- **問題 3**：看完本小節的內容，您有什麼感受？
- **問題 4**：對於我們的觀點，您認同、不認同哪些？怎麼修正會更好？
- **問題 5**：實際工作中，您如何處理類似情境所遇到的問題？
- **問題 6**：本小節的方法，如何應用到您的實際工作（或學習）中？

★Tips 上層的準確源於下層的梳理

從實際輔導的經驗發現，多數人在概括上的問題多體現於最上層結論概括不準確。但實務上，核心的問題往往出在沒有全面梳理下層資訊，尤其是各個資訊的「歸類分組」。若無法深入挖掘資訊之間的聯繫，就無法完成合理的分類。上下層的問題則主要出在「以上統下」，要麼以偏概全，要麼互不相關。

所以，我們要再次強調四個核心原則的重要性，這也是為什麼本書在基礎篇就提及它們的原因。無論什麼方法和工具，最終目的都是為了使最後完成的框架結構符合四個核心原則。

★Task 提煉業績成果攸關你的升遷之路，做就對了！

- **任務 1**：請針對「2. 準確總結工作」中的主要內容及核心知識點，畫出金字塔結構圖（或思維結構圖）。
- **任務 2**：請採用本章的方法寫一份工作總結（時間跨度可長達一週或一年的任一時間段；可針對日常工作，或是某個專案、活動）。

3 充分說服他人：觀點明確、有理有據地進行說服

我們在導論中提到，職場寫作具有很強的說服性。在實際工作中的很多情境下，寫只是一種表達方式，最終目的或說它承載的任務，是為了完成說服。

職場中的說服帶有功利心，也就是當有意說服他人的時候，希望對方聽進自己講的話，或者讀完企畫、郵件以後，能認同自己的想法。如果對象是主管，是希望他能批准；如果對方是部屬，則希望他執行。

說服的概念很大，我們有必要界定出一個範圍。這邊談的說服是指職場中的日常工作，透過寫作（企畫、郵件、文章等）的方式勸說對方，使他們接受或認可自己的想法，進而採取相應行動。

在工作中，我們如何更有力地說服對方呢？首先，對方要能看懂你的內容，清楚你的訴求。其次，你有考量到對方的利益。最後，有充分的依據或理由。簡言之，想成功說服對方至少要做對三件事——目標明確、換位思考、有憑有據。經由下圖三步驟就能完成一次「說服性寫作」，使對方的態度或行為朝預期方向改變。

明確觀點：說服他人的前提是有一個鮮明的觀點

說服需要具備「讀者意識」

A電信市場部的Eric，提交給主管一份市場推廣的申請書，卻遭主管駁回，評語是「不知所云」。Eric早有心理準備，因為他當初填寫申請書的時候，大腦一片混亂，他也不知道自己想說什麼⋯⋯。

很多職場人士應該都遇到過Eric的情況，一說到寫企畫案或郵件，立即打開Word或者PPT，不假思索地就開始動手打字。為什麼寫？寫給誰看？希望對方看完以後有什麼想法？沒有認真思考以上問題，會導致寫出來的東西得不到認可，甚至讓人覺得你態度有問題。

跟其他很多事情一樣，寫作也需要明確的目標，尤其是說服性寫作。設立清晰而明確的目標，才能在寫作時緊緊纏繞這個目標展開內容。你所提供的事例、資料、理由、論證推理，都是為了增進與提升你的說服力道，讓內容更加緊湊具針對性，進而達成目標。相反地，若腦中缺乏一個清晰的目標，內容也一定是渙散而混亂的，更甭談什麼說服力了。

為什麼要先確認寫作目標？因為我們不可能用同一種文體和風格去應對所有人。特別是職場，哪怕是寫給主管，都要區分高、中、基層主管在意些什麼事。針對不同的層級，要設定各異的針對性目標，讓他們都能從你的方案裡找到關注的重點。如此，才會提高方案受批准的可能性。

老師批改學生的作文後，學生根據老師的評語修改自己的作文，是很平常的事。但國外的一些作文教學會要求學生就同一主題或素材，從不同的角度思考，針對不同的情境、讀物寫一篇作文。也就是說，學生需要依照實際需求，設定出不同的寫作目標，然後根據各個目標寫出每一篇文章，有助於培養出寫作時心存讀者意識的好習慣。

「接受美學」創始人沃爾夫岡・伊瑟爾（Wolfgang Iser）提出「讀者意識」，也就是將讀者的需求或審美置於作家的頭腦中，讓讀者的存在內化於作家心中。這就意謂在寫作時腦海裡必須存在一個潛在讀者，而這名虛擬讀者要出現在寫作狀態中的任一個環節。為了更有力地說服讀者，寫作時更需要建構讀者意識，時刻提醒自己為何而寫、讀者在乎些什麼。

無論有多少想法要表達，都要凝聚成一個清晰的觀點，也就是結論，這是具體說服行為的核心目標。對方是否能認可並接受你的觀點，取決於他是否贊同你的觀點。因此，說服的第一步是確立清晰的目標，形成明確的觀點。

瞄準目標形成明確的觀點

❶ 首先設定一個目標

相信大家在職業生涯中都有類似的經歷。向心儀的公司投出履歷後，心裡默默叨唸：希望HR看完我的履歷能通知我面試。向主管提交加薪申請後默默祈禱：希望主管看完能批准我加薪。提出企畫或提案給客戶後心想：希望客戶看完能跟我簽合約。

類似的情境還有很多，它們的共同點就是希望對方看完我們所寫的內容後，能做出我們期待他做的事，而這份期待就是「寫作目標」。但問題在於，很多人在寫作前沒有設定這樣的目標，而是糊裡糊塗寫完後才有所警覺，但意識到此事時，木已成舟。所以，我們要先設想這個問題，在動筆前就問自己：「我的內容寫給誰看？希望這個人讀完後有什麼行動？」

這裡有兩個關鍵點：①讀者是誰、②結果是什麼，而它們便是確定目標的「WA方法」（見下圖）。

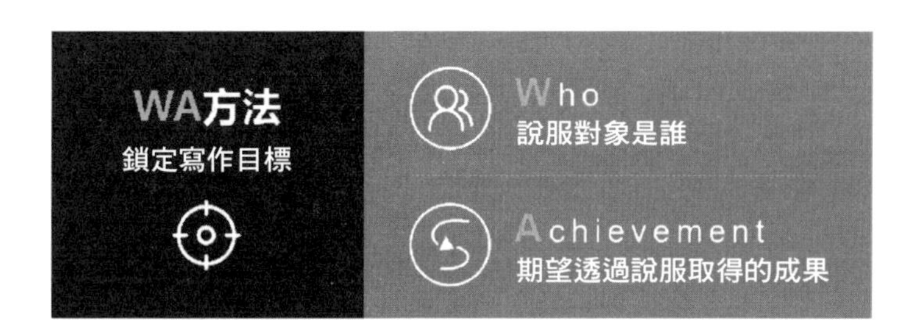

在說服性寫作中，首先依據「WA方法」設定目標，然後根據目標明確觀點。WA，即Who和Achievement。Who是指說服對象，Achievement是說服的成果，包括說服對方接受你的觀點、說服對方採取相應的行動等。

WA設定的目標可表述為：希望某人看完我寫的內容後能做到Ⓐ，也就是「同意／接受／採納／認可」我的「觀點／立場／建議／態度」，並採取或實施我所期望的「措施／行為／行動」。

再回來看Eric的案例，顯然說服對象是他的主管，Ⓐ代表案子被主管批准且提供相關支援，所以Eric本次的目標可以設定為「希望主管看過案子後能核准通過，並提供相關支援」。

❷根據目標形成觀點

有了清晰的目標，接著要基於目標彰顯想表達的核心觀點。在形成明確的觀點前，需要先思考幾個問題：

- **你要解決什麼問題？**
- **你想幹什麼？目的是什麼？**
- **你準備採取哪些手段？**
- **預期取得什麼成果？**

如果你能快速而堅定地回答這些問題，代表你心裡有譜，沒問題。若還不能，則請暫緩寫作，認真思考自己到底想要、需要做什麼，最後概括總結出這些問題的答案，並形成觀點。觀點需要具備手段與成果這兩個核心條件，也就是「做什麼」、「預期成果如何」。

經歷這樣的思考過程有何好處？相信能讓你的觀點變得務實、簡潔，且高效率。很多職場人士在表達自己的觀點時，經常陷入冗長累贅的誤區。無論口頭表達或書面寫作，內容看似充實，實則空洞無物。若能思考前述的問題，內容會更加聚焦，也更符合對方的訴求。實際上，在多數情況下，人們最關心的問題都是「做什麼、怎麼做、有什麼效果」。

Eric經過一番思考，整理出他想表達的核心觀點：申請更多資源，增加電信網路涵蓋率，讓市場佔有率提升至50%。他圍繞這個觀點，從申請哪些資源、採取哪些措施、確保預期目標達成等方向來撰寫方案。

一旦確定目標，就可以進一步明確觀點。因此，在說服性表達中，即使表述的內容結構清晰、符合邏輯，也滿足對方的需求，如果目標不明確，還是達不到該有的成效。與不同的人溝通同一件事，目標不同，觀點就不一樣，而觀點不一樣，表達結構也隨之不同。

例如，結構思考力課程的受眾是學員，目標是希望學員學會結構思考力，這時可以將課程的標題設定為「結構思考力——思考更清晰，表達更有力」。如果課程是單次的演講，受眾是各大企業的經理，目標是希望他們能在聽完演講後，引薦員工來上課程，那麼演講活動的題目就會是「結構思考力——統合思維標準，提升組織效率」。受眾對象不同，切入點也不同。

How 他山之石，可以借鑑！——鮮明的觀點是「挑戰」出來的

本節的案例分析將在下一步驟「Step 2－How」環節，與「疑問－回答」工具一併解說。

If 麥肯錫式的自問自答練習

- **問題 1：**實際寫作時，是否存在困惑？請列出您的困惑。

- **問題 2：**回憶「Step 1 明確觀點」小節，講了哪些核心內容？請用自己的理解陳述。
- **問題 3：**看完本小節的內容，您有什麼感受？
- **問題 4：**對於我們的觀點，您認同、不認同哪些？怎麼修正會更好？
- **問題 5：**實際工作中，您如何處理類似情境所遇到的問題？
- **問題 6：**本小節的方法，如何應用到您的實際工作（或學習）中？

Step2 疑問回答：用充分的依據，回答對方心中的疑問

設身處地回答他人心中的疑慮

> 公明儀為牛彈《清角》之操，伏食如故。非牛不聞，不合其耳矣。轉為蚊虻之聲、孤犢之鳴，即掉尾、奮耳，蹀躞而聽。

這段文字出自《牟子理惑論》，說的是戰國時期公明儀為牛彈奏樂曲的故事。後來，這個故事延伸出人們常常掛在嘴邊的成語——對牛彈琴，諷刺他人聽不懂自己說的話，或者在說服某個人時，自己講得口乾舌燥，對方卻仍不為所動。公明儀明知對象是一頭牛，卻還是對牠撫琴一曲，試圖喚起牠對樂曲的共鳴。這到底是牛的錯，還是他的問題？所以「對牛彈琴」還用來嘲諷說話的人不看對象。

有個人小時候常常跟父親去釣魚。父親每次都凱旋而歸，他卻一無所獲。他沮喪地問父親：「為什麼我連一條魚都釣不到，是我釣魚的方法不對嗎？」父親告訴他：「孩子，不是你釣魚的方法不對，而是想法不對。你要釣到魚，就得像魚那樣思考！」

多年後他才領悟：釣不到魚是因為拋竿的位置不對。不同的魚有不同的生理特徵，不是有水的地方就有魚。水的溫度和深度、陽光強弱、是否有水草，都會對魚產生影響。所以，只有了解魚的習性，像魚一樣思考，知道魚喜歡待在哪裡，才可能釣到魚。

無論是牛的典故，還是釣魚的故事，都是相同的道理：換位思考。這兩個故事以失敗告終的原因是：公明儀和孩子都從「我」的角度思考我要如何。

我們常說，看問題要用辯證的眼光，無非是說要全面而系統地看待問題。兩人溝通除了「我」之外，還要考慮「你」，甚至要考量第三人的角度，才可能把問題思慮得更加周全。

寫作時的讀者意識就是一種換位思考，而形成觀點的過程也是在思考對方關心的問題。亞伯拉罕・林肯說過：「我用1/3的時間來思考自己，以及我要說的話；花2/3的時間思考對方，以及他會說什麼話。」言下之意是他與人對話時，幾乎將重心放在換位思考上。

記得前文提到的人口普查案例嗎？兩則標語的強烈差異，取決於是否做到換位思考。職場中，每個人在不同職責上扮演不同角色，著眼的事情有很大的區別。暫不提跨部門溝通，哪怕只是同部門的小團隊交流，都可能引發對立或爭執。基於說服目的的溝通，若缺乏換位思考，便是一場災難。

利用「疑問－回答」構建說服框架

❶「提問」的能力非常重要

試想一下，假如你是公司老闆，員工提出升職加薪的要求，你會如何反應？你應該會心生很多疑問：他為什麼突然提出這個要求？心裡預期薪水是多少？如果我沒滿足要求，他會怎麼做？當然，你最關心的問題應該是：他憑什麼升職加薪？如果這名員工準備充分，對問題對答如流、理由充分，相信你很難一口回絕，至少會答應他要考慮考慮。

除了說服老闆批准升職加薪的情境之外，工作上還存在非常多的說服情境，例如：寫信給直屬主管，說服他同意自己的想法或計畫；寫信給跨部門的同事，說服他提供支援；提交財務報告，說服公司為專案投入更多資金；針對客戶的問題寫出解決方案，說服客戶購買公司的產品或服務。

這些情境都有一個共同點，那就是當你拋出自己的觀點後，都會在說服對象心裡激發出很多的問題。如果你不能辯才無礙，就很難說服對方。相反地，如果你提前設想到對方會針對你的觀點提出哪些問題，並為這些問題準備好充分的理由及說詞，那麼你成功說服對方的機率就會大幅提升。

因此，第一步是形成明確觀點，第二步要站在對方的角度（立場）設想，例如：針對這個觀點，思考對方可能提出哪些疑問，並仔細回答這些疑問。繼續談論說服的第二步，利用下圖的「疑問－回答」工具來設想及回答問題：

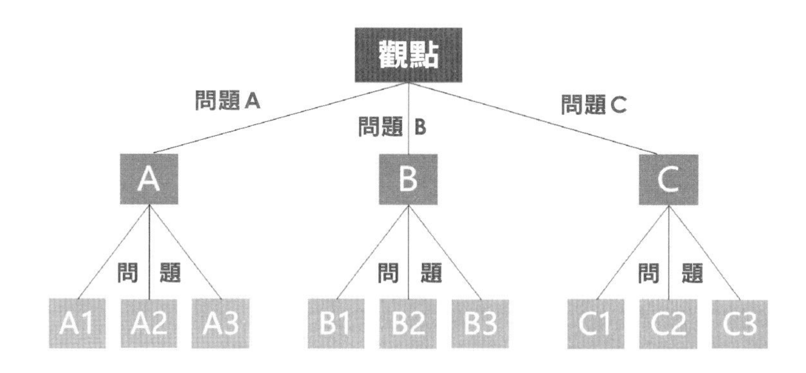

舉例來說，我的朋友小周在某地產公司從事建築設計。他在這家公司任勞任怨貢獻了10年的歲月，覺得現在是時候該升職加薪了，希望主管可以擢升他為設計總監。小周懷著忐忑的心情寫申請書，其結構圖如下：

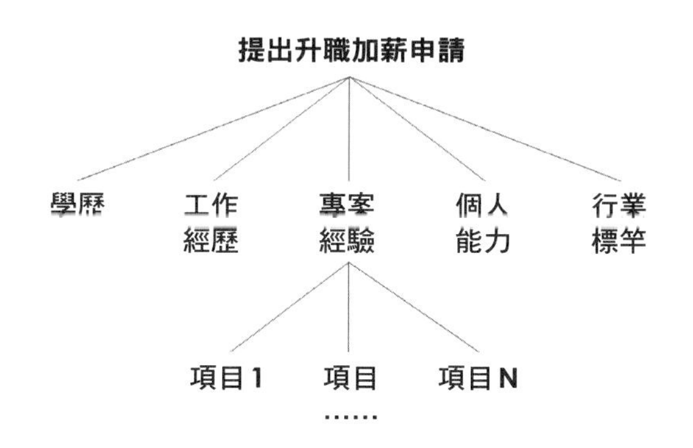

小周分別從學歷、工作經歷、專案經驗、個人能力、行業標竿等方向展開論述，向公司說明自己做好升職的準備。不過，小周這份申請主要是從「我」的角度撰寫，他試圖從各個面向說明自身的優秀之處，全方位展現自己，讓主管知道他有多麼努力。這份申請書看著更像是工作總結報告，是典型的自說自話，因此說服力偏弱。

小周寫完申請書後覺得沒自信，希望得到一些建議，我向他介紹「疑問－回答」工具。經過一番大刀闊斧的修改後，內容結構如下表所示：

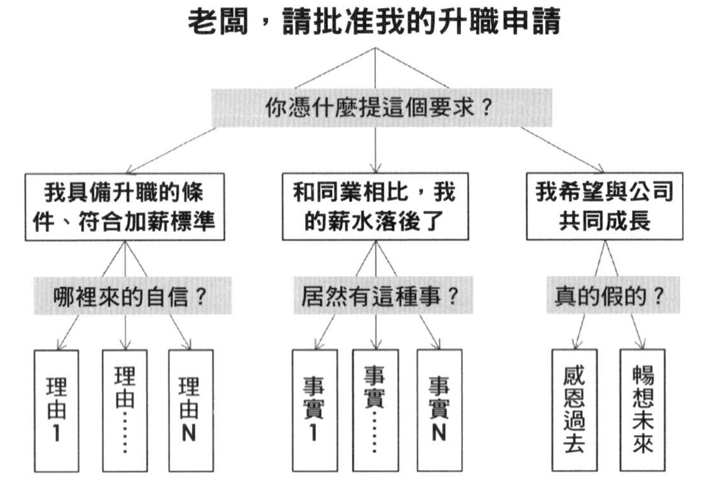

首先，修改前沒有觀點，修改後就有了簡單、直接的觀點。小周針對這個觀點，設想主管可能會問：「你憑什麼？」相信很多人都提過升職加薪的要求，即使沒有實際經歷也上演過內心戲。小周從三個面向回答問題，他的回答又形成三個新觀點，接著他又設想老闆針對這三個新觀點可能提出的問題，並進一步回答。

「疑問－回答」工具不僅侷限於第一層，只要能想到對方可能提出的問題，就可以一直延伸。「橫向」延伸的回答越廣泛，「縱向」的提問就越有深度，整體內容的說服力就越強。

「疑問－回答」工具看似容易，其實很難，最難的是準確而到位地設想問題。如果對方根本不關心你設計的問題，那麼無論你的回答多麼精彩，就說服對方的目標而言，也顯得蒼白無力。「設想問題」背後的關鍵正是「換位思考」。

徹底地換位思考幾乎不可能，除非你能鑽進對方的大腦去感知他的一切。在此前提的限制下，我們能做的就是盡可能擴大問題的模組範圍。如何知道我們是否將問題設想全面呢？那就得調用思維模型了。

❷ 調用 5W2H 思維框架設想問題

在方法篇第一部分的「Step 3 建構內容」中，我們調用過「2W1H 框架」。這裡要使用涵蓋面向更廣的「5W2H 框架」。

5W2H	問題方向	參考問題
5W	What 是什麼	目的是什麼？做什麼工作？……
	Why 為什麼	為什麼這麼做？理由何在？原因是什麼？為什麼造成這樣的結果？
	When 何時	什麼時候完成？什麼時機最適宜？
	Where 何地	在哪裡做？從哪裡入手？
	Who 誰	由誰來承擔？誰來完成？誰來負責？
2H	How 怎麼做	如何提高效率？如何實施？什麼方法？做到什麼程度？
	How much 多少錢	成本多少？數量如何？品質如何？產生多少費用？

5W2H 框架提供 7 個面向的問題設想方向，在這 7 個維度的指引下，我們根據實際情況設想對方可能提出的問題。接下來，我們再透過小周申請升職加薪的案例，去分析如何用 5W2H 框架設想出問題：

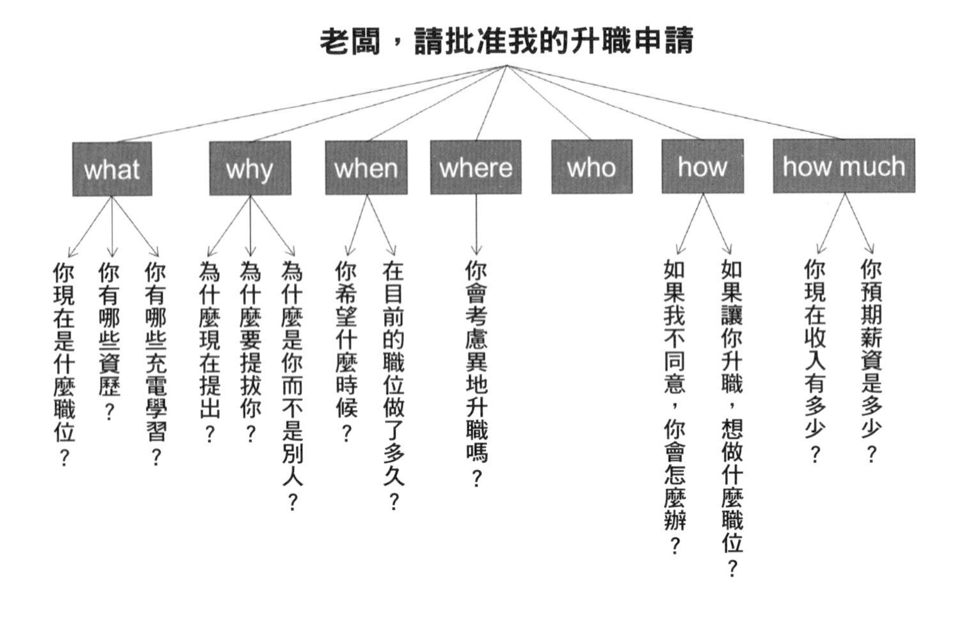

在設想問題時，除了數量之外，品質也很重要，而讀者意識、換位思考在整個過程貫穿始末。當然，說服他人按照自己的期待行動是一個系統性的問題，並不是使用「疑問－回答」工具，就可以輕鬆應對。說服他人涉及情感、邏輯、策略等多種因素，在這個環節中，我們必須站在對方的角度設計說服的內容。下一個步驟會聚焦於說服的邏輯。

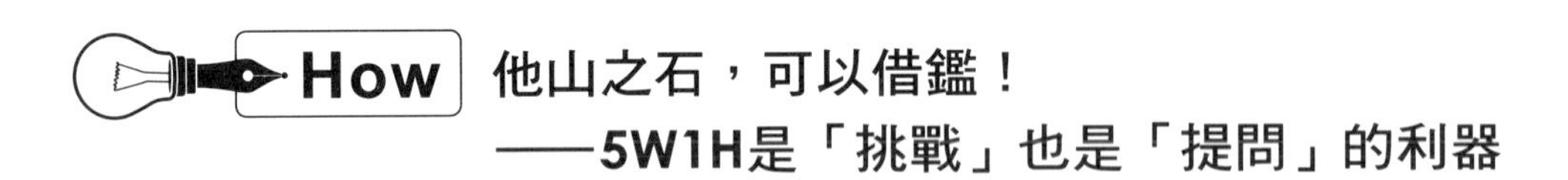

他山之石，可以借鑑！——5W1H是「挑戰」也是「提問」的利器

案例 1

・**目標**：希望各部門主管讀完我的「學習委員組建報告」後，同意我的方案，並積極支援工作。

・**觀點**：希望各部門增設一名適合的學習委員，加快建立各部門的課程體系，進而提升部門培訓工作的效率和適用性。

◎「疑問－回答」工具：

從讀者角度設想問題	對問題的回答
為什麼要有學習委員？	建設課程系統需要學習委員的科學化管理
學習委員為何能科學化地管理課程系統呢？	學習委員為培訓管理者，他會： 以企業戰略為導向，確保課程系統的目的性； 以員工職涯發展為路徑，確保課程系統有層次； 以部門職位為基礎，確保課程系統的實用性。
為何非得是學習委員才能完成這項工作？	聞道有先後，術業有專攻，專人專職利於組織發展
搭建課程系統需要哪些步驟才能完成？	1. 建立培訓課程系統框架 2. 分析能力要求 3. 能力與課程的轉換 4. 開發培訓課程 5. 建構培訓課程的系統
怎樣才算合適的學習委員？	經理級以上且熱愛培訓事業

▶▶▶解析

目標、觀點部分：本案例沒有理解「目標」與「觀點」的區別。目標是說服結束後，希望對方採取的行動；觀點是說服內容的核心思想。二者是完全不一樣的概念，很多人在實際應用時會混淆。「觀點」修改後如下：各部門增設一名學習委員，將使部門培訓工作更具效率和適用性。

「疑問－回答」部分：設想問題的關鍵是換位思考，必須關注對方可能提出的問題。本案例設想的問題，除了「為什麼要有學習委員」、「為何非得是學習委員才能完成這項工作」之外，其餘三個提問已經進入技術性的細節問題，所以那兩個「為什麼」恰好是關鍵問題所在。然而，這兩個問題的回答篇幅卻不如其他幾個。由此看出，本案例仍處於「我想告訴你我所知道的」，而不是「我回答你所關心的」。

案例 2

- **目標：**希望說服主管，同意外區培訓師都能參加每月會議及培訓。
- **觀點：**參加組織月會議，有助於外派同事之間的交流及提升業務能力。

◎「疑問－回答」工具：

產生的問題	對問題的回答
What	外派人員學習機會少、交流少
Why	外區人員長期在小組中，知識水準未獲得提升
How	每月除了駐點的基地人員，其他人都參加
When	從下個月試行
Where	在多基地輪流，於會議中決議地點
Who	院辦組織
How much	半年度調查回饋效果，每月籌組主題會議

▶▶▶解析

目標、觀點部分：①目標寫「外區培訓師」，觀點又成了「外派同事」，建議前後保持一致，否則容易讓人費解；②目標提到「參加每月會議及培訓」，然而觀點的「培訓」卻不見了，到底是目標多了，還是觀點遺漏了？③從「參加組織月會議」得出「有助於外派同事之間的交流」的觀點，此推論尚可理解，但為什麼會「提升業務能力」？顯得突兀而不具備說服力。

「疑問－回答」部分：本案例直接在「對問題的回答」欄位裡開始回答，設想的問題在哪裡呢？5W2H只是一個引導問題的框架，但如果連問題都懶得想，那麼「回答」是否有意義和價值可想而知。

案例3

- **目標**：透過這篇文章，讓想提高學習效果的人找到高效學習的方法。
- **觀點**：明確學習目標，優化知識來源，輸出大於輸入。

◎「疑問－回答」工具：

從讀者角度設想問題	對問題的回答
Who：誰是學習主體？	・學生時期的學習以知識為主體，也就是不分目的、不經過篩選的學習；成人時期的學習以我們自己為主體，依自身的需要及目的來學習。

續上表

從讀者角度設想問題	對問題的回答
Why：為何說是學習效果，而不是學習效率？	・學習效率是「輸入」的速度，而學習效果強調的是「應用」，學習的目的是能用、會用。
When：如何管理學習時間？如何管理碎片化學習？	・學習時間管理，可以根據知識類型、學習目的來劃分和安排，比如：安排25分鐘不會受打擾的時間，學習重要且較難的知識；在碎片化的時間裡學習重要易懂的知識。「碎片化」指的是時間而非知識，如果利用碎片化時間，持續高效學習某一類知識，同樣能達到系統化學習的效果。
How：如何提高學習效率？	・介紹幾個要點： 1. 目標明確且足夠清晰 2. 精選知識來源 3. 多元化的輸出方式

▶▶▶解析

目標部分：目標內容建議改為「希望讀者看完這篇文章，能認可並接受某種高效學習方法」。

觀點部分：觀點內容建議改為「掌握某種高效學習方法，能讓你提高學習效果」。

「疑問－回答」部分：此案例在「學習效果」、「學習效率」、「學習時間」、「碎片化學習」的概念上，處理得混亂不堪，根本不知道想表達什麼。另外，將「如何管理學習時間」、「如何管理碎片化學習」歸類在When，相信大家都知道問題出在哪裡了。從案例3的表達可以看出，對於想做的事完全沒有清晰的概念，更別提想清楚、說明白了。

案例 4

・**目標：**希望企業決策者看完我們的商務禮儀方案，能盡快採購商務禮儀內訓課程。

・**觀點：**商務禮儀是門演練課程，企業應該選擇有經驗、專業、關注學習效果的公司。

◎「疑問－回答」工具：

從企業決策者的角度設想問題	對問題的回答
Why 1：為什麼要採購商務禮儀課程？	1.樹立企業形象 2.提升客戶滿意度 3.增加企業競爭力
Why 2：為什麼要採購我們的商務禮儀課程？	1. 500 強企業曾採購過，例如：××公司 2. 課程從理論、實務操作面來考核，使學員達到預期效果。 3. 我們的課程買下《禮儀操》和《微笑操》的版權。 4. 根據企業需求，可以為公司培養禮儀輔導員，專門負責課後的指導工作，鞏固學習效果。
What：商務禮儀課程包含什麼內容？	1. 儀態禮儀　　3. 職場禮儀 2. 餐飲禮儀　　4. 形象禮儀
How：這個課程如何學習？	1. 講解示範 2. 演練指導 3. 考核糾錯
Who：需要誰來學習？	全員
How much：課程費用是多少？	費用×××元／天
Where：在哪裡培訓？	企業內部
When：什麼時間適合培訓？	建議在工作天的晚上或週末休息時間，學員能較全心投入學習。

▶▶▶解析

觀點部分：表述得比較含蓄，潛台詞是「我們就是一家有經驗、專業、關注學習效果的公司」。內容上沒有問題，形式上可以更直接一些。

「疑問－回答」部分：每個維度都有設想一個問題，滿足了基本要求，但可以再多想一些問題，也能併用銷售領域常用的FABE、SPIN等模型，使問題更加豐富，涵蓋的範圍更廣。

案例 5

目標：希望公司看到我的方案分析後，同意這個方案。

觀點：把人才培養的職責納入個人績效考核中，帶動課長的積極主動性，確保人才培育的定質、定量，有效加速人才培育。

◎「疑問－回答」工具：

5W2H	疑問	對問題的回答
What	目前是什麼情況？	課長認為培養人才是附加工作，積極度不高
How	怎樣才能使人積極主動？	把培養人才加進個人工作職責，作為績效考核
Why	為什麼這麼做？	以績效推動積極度，以利人才培養制度
When	什麼時候開始比較合適？	與事業部溝通後，確立工作職責
Where	從哪裡著手？	以溝通會議的形式確認，用 OA 辦公自動化系統下發指令
Who	由誰來負責具體實施？	由總經辦負責下達溝通內容
How much	做到怎樣的程度？	計入績效考核以後，能增進課長培養人才的積極度

▶▶▶解析

目標部分：「希望公司看到」是希望公司的誰看見你的方案？要說服的應該是某個人或某個群體，而不是公司。

觀點部分：首先表明手段（把人才培養的職責納入個人績效考核中），觀點相當清晰、明確。但是，後面還有一長串的利益點：「帶動課長的積極主動性，確保人才培育的定質、定量，有效加速人才培育」，這三個利益點之間有何關聯？哪一個是最想要實現的目的？像這樣羅列利益點，只會讓讀者分不清哪個是重點、哪個是你最想傳達的。

「疑問－回答」部分：問題設定太籠統含糊，不夠完整、具體。設想問題要站在對方的角度，描述出對方可能產生的疑問，而非如此隨意。

If　麥肯錫式的自問自答練習

- **問題 1**：實際寫作時，是否存在困惑？請列出您的困惑。
- **問題 2**：回憶「Step 2 疑問回答」小節，講了哪些核心內容？請用自己的理解陳述。
- **問題 3**：看完本小節的內容，您有什麼感受？
- **問題 4**：對於我們的觀點，您認同、不認同哪些？怎麼修正會更好？

- **問題 5**：實際工作中，您如何處理類似情境所遇到的問題？
- **問題 6**：本小節的方法，如何應用到您的實際工作（或學習）中？

★Tips 方向明確、語言清晰就能得到信賴

「明確目標」和「疑問回答」是說服他人非常關鍵的環節，直接影響到說服的大方向。方向錯了，內容再好都會失去意義。

實際上，「設定目標→確定觀點→疑問回答」三步驟，要歷經三種視角的切換：①「設定目標」時，自問為什麼進行這次說服，有何預期目標；②「確定觀點」時，假想自己正與對方溝通，要讓對方知道你的核心訴求是什麼；③「疑問回答」時，站在對方的立場，設想對方會關心哪些問題。

在語言陳述上必須具體而詳細，無論是目標、觀點、設想的問題，都要清楚描述，不能出現概念上的混亂，或是表達上的模糊。

Step3 邏輯歸整：用邏輯推理使說服更有力量

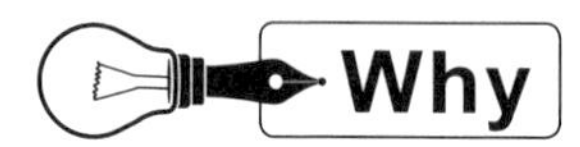

邏輯清晰更能使人信服

這個步驟主要聚焦在邏輯。在此之前，先來談談列寧，他是名天生的演說家，被美國《展示》（*Parade*）雜誌列為近百年來具說服力的演說家，一生發表過許多極富邏輯力和鼓動色彩的演講。史達林如此描述列寧的演講：「當時使我佩服的，是列寧演說中那種不可撼動的邏輯力量，這種邏輯力量雖然有些枯燥，但是緊緊地抓住聽眾，一步一步地感動聽眾，然後把聽眾俘虜得一個都不剩。我記得當時有很多代表說，『列寧演說中的邏輯像是萬能的觸角，從各方面把你牢牢鉗住，使你無法脫身，你不是投降就是完全臣服。』」

由此可知，列寧擁有強大的邏輯思維能力，從他的演講就可以感受到。這股強大的邏輯思維能力讓他的演講深具力量，在無形中大大增強演講內容的說服力。如果我們希望在溝通表達時，也讓自己的內容更具說服力，就必須考慮邏輯問題。實際上，如果沒有邏輯，可能連表達最基本的準度都做不到了，更遑論說服力。

邏輯是一個很大的概念，此處我們探討的是如何使寫作更具說服力，所以更加聚焦在邏輯的「論證」與「推理」。嚴格來說，論證與推理是既關聯又有區別的概念。推理是邏輯學中一種基本的思維形式，是從一個或一些已知命題（前提）推出新命題（結論）的過程。論證是用某些理由，支持或反駁某個觀點的過程或語言形式，通常由論題、論點、論據和論證方式構成。「論點」是某人所主張，且需經由論證加以證明的觀點。對說服性寫作而言，我們要說服對方接受的也就是論點。

推理與論證的共同點在於，本質上都是圍繞著「前提→結論」這個過程。論證需要推理來完成，甚至可以說論證就等同推理。嚴謹一點說，一個簡單的論證就是一個推理。形成論證的論據相當於推理的前提，論點則相當於推理的結論。從論據生成論點的過程正是論證，相當於推理形式。形成一個複雜的論證要經歷一連串的推理，這就是推理與論證之間的關係。

推理與論證有何區別呢？推理關注前提與結論之間的邏輯關係是否有效，而論證不僅要求從前提到結論要合乎邏輯，同時要求資訊內容必須真實可信。推理則不要求前提一定為真，假命題也完全可以進行合乎邏輯的推理。至於論證的目的，在於說服對方接受或拒絕某個觀點，因此使用的論據必須真實可靠，或者為雙方共同認可。

若從思維活動的過程來看，推理是從前提到結論，論證則是先有結論再找出論據，並由論據推論其為真實成立。最後，從複雜程度來看，推理是論證不可或缺的邏輯手段，且大多數的論證牽涉多個推理路徑及手段，所以論證可以想成是推理的綜合運用。

在說服性寫作中，推理及論證都是我們要關注的。如果是簡單的說服，用結構圖呈現可能只有二到三個層次，此時說服可能就是一次推理的過程。如果是複雜的說服，建構超過三個以上的層次，此時說服則可能成為一次論證的過程。總而言之，合理的邏輯是有效說服的基本前提。

我們確實需要邏輯，它非常有用，無論在生活還是工作中，都具有三點作用：①正確運用概念；②做出正確判斷；③有效地推理論證。這三點恰好是說服性寫作需要具備的，尤其是「正確運用概念」和「有效的推理論證」。

概念可說是邏輯思維的細胞。如果思維是一幢大廈，概念就是一塊塊的磚頭，雖然小卻影響巨大。如果沒有正確地運用概念，大廈將是不穩的，很容易崩塌，甚至是不攻自破。

如何正確使用概念呢？首先，概念一定要清晰，不可模稜兩可；其次，釐清概念的含義，包括其內涵與外延，不能混淆或偷換概念；最後，區分出同一概念在不同語境下的含義。英國哲學家伯特蘭・羅素說過：「邏輯是哲學的本質。」言下之意是所有的邏輯都是哲學的本質。其實，依當時的語境，他所說的邏輯是指「數理邏輯」。

合理而有效的推理論證是說服性寫作的前提，而邏輯最大的意義在於它為推理論證提供堅實的保障。可是很多人缺乏嚴密的邏輯思維，提出的論證往往漏洞百出、經不起推敲，其中有兩個常見的誤區：①過於武斷，缺少充分的論證。即使有結論，但缺少有說服力的論據和充分的論證過程；②無視邏輯規則，只看得到片面資訊，毫無根據地隨意聯想，生搬硬套地得出自以為是的結論。

邏輯是「給思維的野馬套上韁繩」，帶給我們嚴謹和嚴密的理性思考。嚴謹是指推理的每一步都要言之有據、言之有理；嚴密則是指嚴格地遵循邏輯規則，做到概念清晰、判斷正確。說服性寫作需要的不是天馬行空的跳躍思維，而是環環相扣、嚴絲合縫的嚴謹論證。

總而言之，邏輯不是邏輯學家學術論文裡高深的專業詞彙，而是時刻都在影響我們一言一行的準則。邏輯的根本目標就是反映事物的本質屬性，讓我們能更客觀、理性地看待問題。如同法國哲學家尚・德・拉布魯耶（Jean de La Bruyère）所說：「邏輯是讓人信奉真相的技術。」

對於說服性寫作來說，合理運用邏輯，是為了讓我們更加嚴謹且嚴密地組織內容和推理論證、規範性地使用語言、客觀理性地思考和表達，進而讓他人更容易接受、認可我們的觀點或理念。

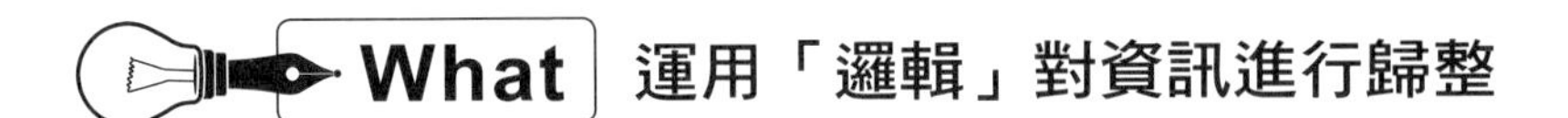

運用「邏輯」對資訊進行歸整

複雜的論證是一系列推理的綜合運用，在實際工作中，每一次的說服往往都很複雜，會涉及大量資訊與一連串推理。因此，推理是建構說服性寫作最核心的要素，也是最基本的保障，它具有兩種形式，分別是「演繹推理」和「歸納推理」。

❶ 環環相扣的演繹推理

在多數情況下，人們掛在嘴邊的邏輯推理通常是指演繹推理。演繹推理是根據一般性的前提，推導出針對某一個體或個別特殊情況的結論，幫助我們透過普遍性的規律來認知特殊的個體。因此，我們可以將演繹論證視為由以下三個部分所構成的整體：前提、結論、前提與結論的邏輯關係。

前提又稱為「已知前提、已知條件」，它是演繹推理的根本，揭示事物的一般性規律，是廣泛而普遍存在的原理、自然規律、物理定律等。結論是根據前提推導出的新判斷，往往反映某一個體或個別特殊情況。前提和結論之間的邏輯關係，必須嚴格遵循邏輯規則才能使推理成立。

演繹論證包含多種形式，其中最重要、最常見的是「三段論」，如下圖所示，它也是說服性寫作中運用演繹論證時的主要形式。

三段論由大前提、小前提、結論三個部分所組成。大前提通常是某個已知的一般性原理，例如：規律、法則、定理、定律等。小前提是反映出需要研究的特殊情況或個體，結論則是由一般性原理引申出對特殊情況或個體的判斷，並以邏輯推理的方式得出結果。例如：

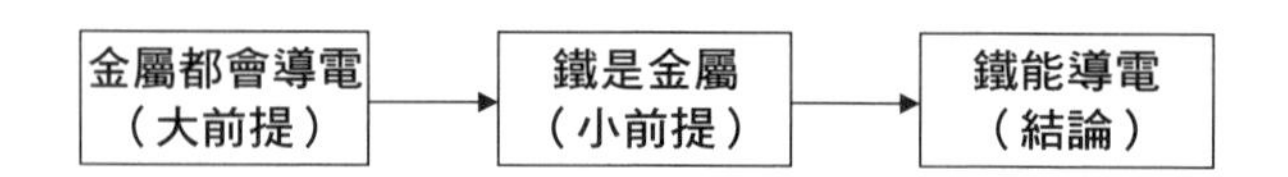

判斷一個三段論推理是否正確，主要從兩個方面來考察：

（1）前提必須真實。無論是大前提、小前提，其內容必須符合客觀事實，因為根據不真實的前提所得出的結論必然不會是真實的。

（2）推理過程合乎邏輯，或者推理形式有效。

總之，**前提真實、形式有效是三段論成立的必要條件**。

❷尋找共性的歸納推理

人們時常將歸納掛在嘴邊，其本質也遵循歸納推理。歸納推理是人們以一系列的經驗事物或知識素材為依據，尋找基本或共同的規律，並假設同類事物中的其他事物也遵循這些規律，從而將這些規律作為預測同類事物中其他事物的基本原理或依據。**因此，歸納推理是從個別事物，推導出一般結論的過程**（見下圖）。

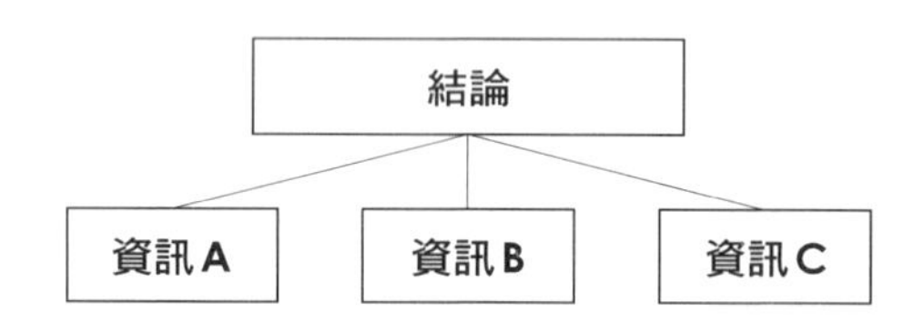

歸納推理分成兩種類型：完全歸納法、不完全歸納法。其中，不完全歸納法又分為「簡單枚舉法」和「科學歸納法」（如下表所示）。

完全歸納法		・從一類事物中的每個事物都具有某種屬性，推導出這類事物全都具有這種共同屬性的推理方法。
不完全歸納法	簡單枚舉法	・根據某類事物的部分對象具有某種屬性，推導出這類事物的所有對象皆具有此屬性的推理方法。
	科學歸納法	・依據某類事物的部分對象都具有某種屬性，並分析出制約這種情況的原因，而推導這類事物普遍具有這種屬性的推理方法。

無論哪種歸納法，思路框架主要包括三個方面：

（1）搜集和積累一系列事物的經驗或知識素材，可以簡單概括為「搜集資訊」。

（2）分析所得素材的基本性質和特點，尋找其遵循的基本規律或共同規律，可概括為「尋找共性」。

（3）描述、概括（系統化判斷）所得素材的性質和特點，從而將這些規律作為預測依據，此步驟是「形成概念」。

這裡主要討論的是歸納推理中的簡單枚舉法，在日常生活和工作中最為廣泛使用，例如：金導電、銀導電、銅導電、鐵導電、錫導電，所以一切金屬都導電（見下圖）。前提列舉出「金、銀、銅、鐵、錫」等金屬都具有導電的特性，進而推論出「一切金屬都導電」的結論。

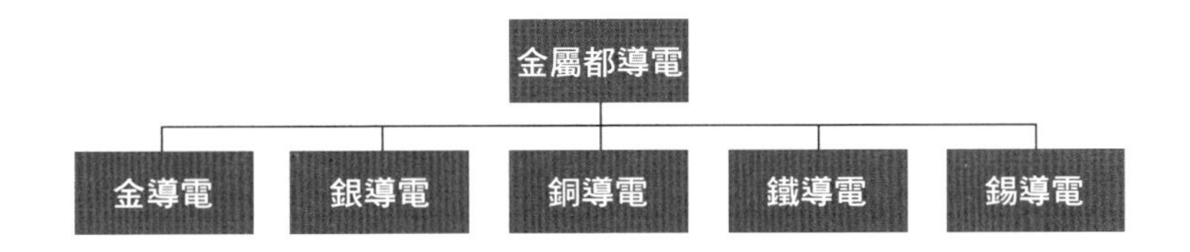

雖然簡單枚舉法不夠嚴謹，但對於小概率、偶發性事件已經足夠。我們面對的世界太過複雜，不可能對所有的認知物件進行研究，並得出結論。所以，運用簡單枚舉法時，要盡可能多考察被歸納為某類事物的物件，考察的物件越多，結論就越可靠。否則，容易產生以偏概全的邏輯錯誤。

無論使用演繹推理還是歸納推理，目的都是為了強化表達的邏輯性，使內容更具說服力。

回顧小周的升職申請案例，他透過「疑問 回答」工具，做到換位思考，重新構想一個站在對方立場考慮問題的基本框架：

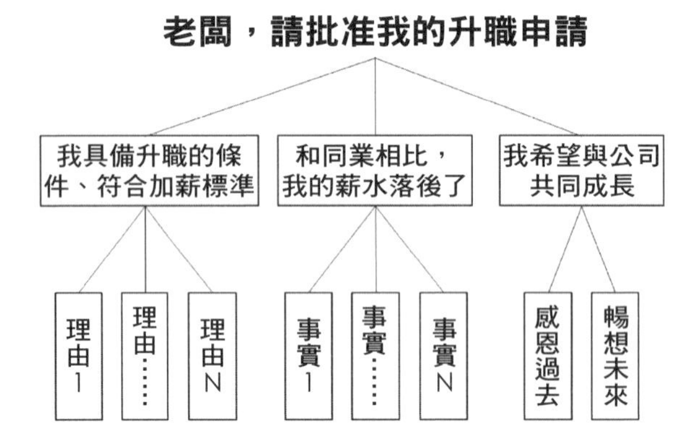

單從結構圖看，雖然有換位思考，但整體顯得零散。尤其是第二層，「符合加薪標準」、「薪水落後」、「與公司共同成長」三者之間有什麼關係呢？看不出明顯的邏輯關係。當內容顯得渙散，說服力就會大打折扣。如何凝聚零散的內容呢？這需要邏輯來梳理。

我們嘗試用演繹及歸納的推理方式，對小周的內容進行梳理，看看會有什麼變化。首先使用演繹推理：

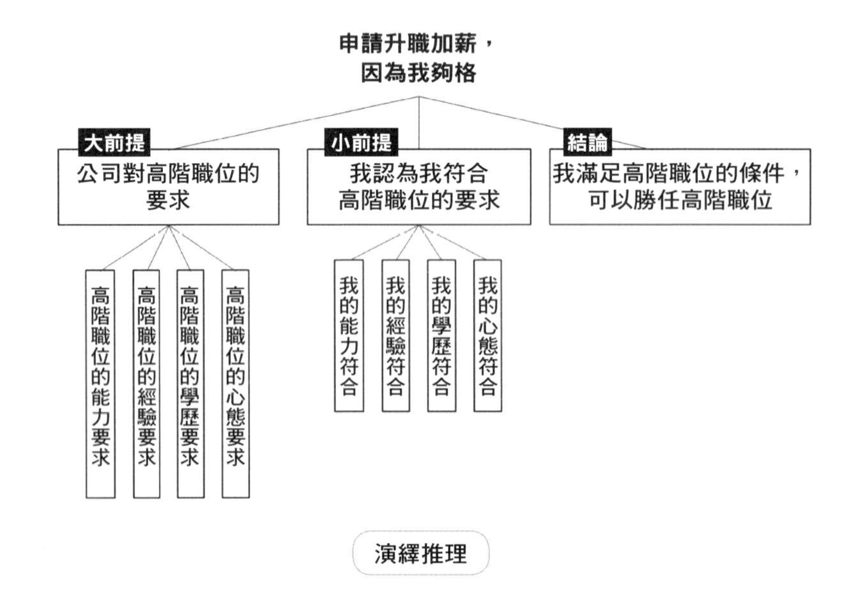

大前提是公司對擔任高階職位所設定的要求，換句話說，想升到高階職位必須達到4項要求。小前提是小周自認各方面的能力都達到公司要求的水準，所以最終結論是「我能勝任高階職位」，從而推理出「勝任高階職位必須滿足4項要求，而我的能力已經符合，所以我能勝任高階職位」。藉由推理過程去進一步概括後，可得出「申請升職加薪，因為我能勝任高階職位」的結論。

接著運用歸納推理畫出結構圖：

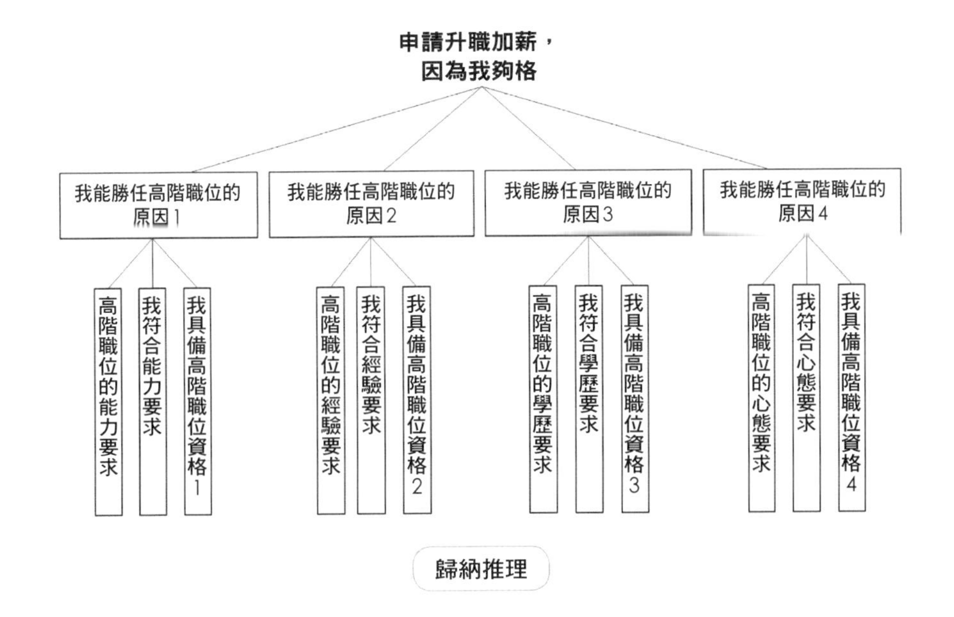

整個結構圖分三層，前提為「我能勝任高階職位的原因」共4項，推導後得出「申請升職加薪，因為我能勝任高階職位」的結論。這裡的推理方式與「金屬導電」的例子一樣，是典型的歸納推理。第三層則是用演繹推理，也就是說，上層歸納推理的前提，恰好是下層演繹推理得出的結論。

在實際應用上，演繹、歸納並非一刀切地完全割裂，而是相輔相成、互相印證。透過兩種推理形式實際應用後的對比，大家可以體會它們的差異。

❸語言同樣重要

雖然前文一直強調邏輯，邏輯對於說服力的有效性和可靠性很重要，但語言的規範也不容忽視，而且語言和邏輯密不可分。在此，我們先強調使用語言時的基本準則：清晰、明確、具體。

・**清晰**：不要使用模糊不清、模稜兩可的詞彙和概念。若有必要，可以對概念進行解釋、說明，多多描述概念內涵。

・**明確**：此處強調「觀點明確」，也就是明確表達結論，表明自己的立場、態度，避免言之無物、流於形式。

・**具體**：以準確的事實和資料陳述，避免過於抽象和籠統。描述細節可以增強說服力。

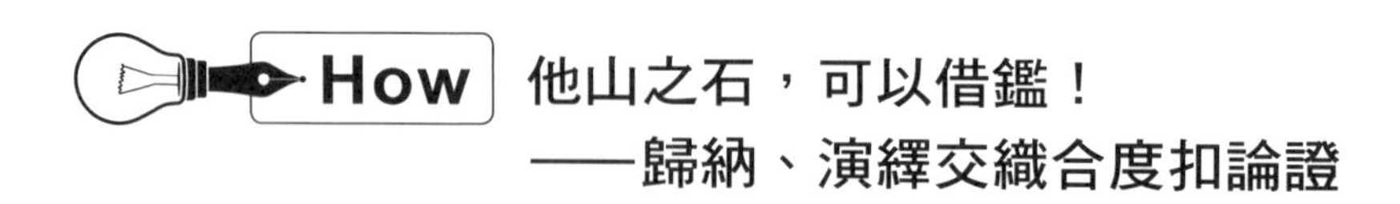

他山之石，可以借鑑！——歸納、演繹交織合度扣論證

案例 1

- 希望主管同意外派我進修新業務
  - 科室有必要外派員工進修新業務
    - 科室當前的業務水準已無法適應社會的要求
    - 不斷進修才能保持科室持續發展
    - 科室具備外派員工進修的條件
      - 科室於淡季時安排外派可減少對日常工作的影響
      - 由科室向醫院申請外派資金
      - 安排內部員工接替外派同事的工作
  - 我符合外派進修新業務的條件
    - 已有獨立開發新業務的經驗
    - 能力和資歷均達到要求
  - 科室有必要外派我進修新業務

▶▶▶解析

第二層是明顯的演繹推理，大前提是「科室有必要外派員工進修新業

務」，小前提是「我符合……條件」，結論是「科室有必要外派我進修」。格式沒問題，但大前提有問題。

案例1想達成的說服結果，是科室能派我出去學習，而非別人，但是大前提指向「科室是否應該派人出去進修？」而且大前提下層的理由也一直圍繞著「科室應該派人出去進修」，而不是聚焦於「科室應該外派我去進修」。

該怎麼改才合適呢？大前提可以改為「科室應該外派什麼樣的人出去進修」，讓小前提緊扣「我就是符合的那個人」，就順理成章得出設定好的結論。其實，大前提下面兩層的歸納相當清楚明瞭，可惜大方向錯了，歸納得再好也沒用。

案例 2

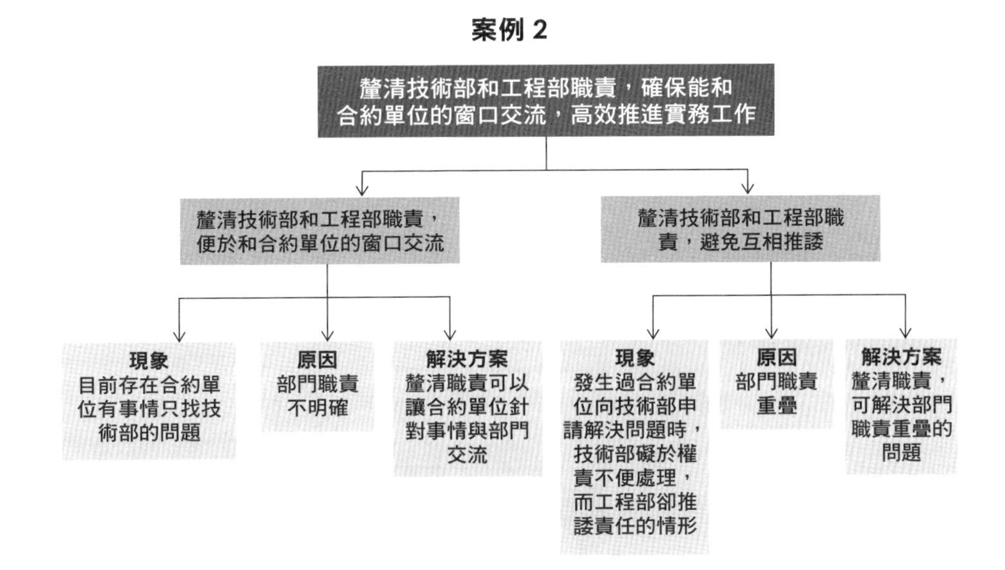

▶▶▶解析

案例2結構清晰，框架搭得很好。不過，第二層的「窗口交流」和「避免互相推諉」能導向一個共同結果嗎？從內容來看，「高效推進實務工作」似乎就是最終目標（結論），因此核心結論可以改成「釐清技術部和工程部職責，高效推進實務工作」。

案例 3

◎修改前：

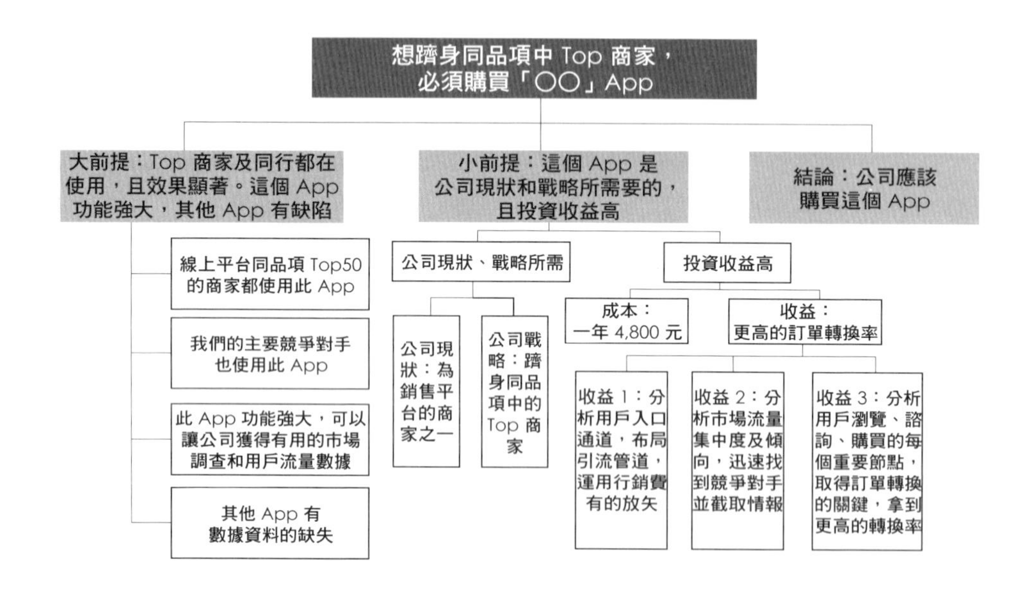
想躋身同品項中 Top 商家，必須購買「〇〇」App
大前提：Top 商家及同行都在使用，且效果顯著。這個 App 功能強大，其他 App 有缺陷
小前提：這個 App 是公司現狀和戰略所需要的，且投資收益高
結論：公司應該購買這個 App
線上平台同品項 Top50 的商家都使用此 App
我們的主要競爭對手也使用此 App
此 App 功能強大，可以讓公司獲得有用的市場調查和用戶流量數據
其他 App 有數據資料的缺失
公司現狀、戰略所需
投資收益高
公司現狀：為銷售平台的商家之一
公司戰略：躋身同品項中的 Top 商家
成本：一年 4,800 元
收益：更高的訂單轉換率
收益 1：分析用戶入口通道，布局引流管道，運用行銷費有的放矢
收益 2：分析市場流量集中度及傾向，迅速找到競爭對手並截取情報
收益 3：分析用戶瀏覽、諮詢、購買的每個重要節點，取得訂單轉換的關鍵，拿到更高的轉換率

◎修改後：

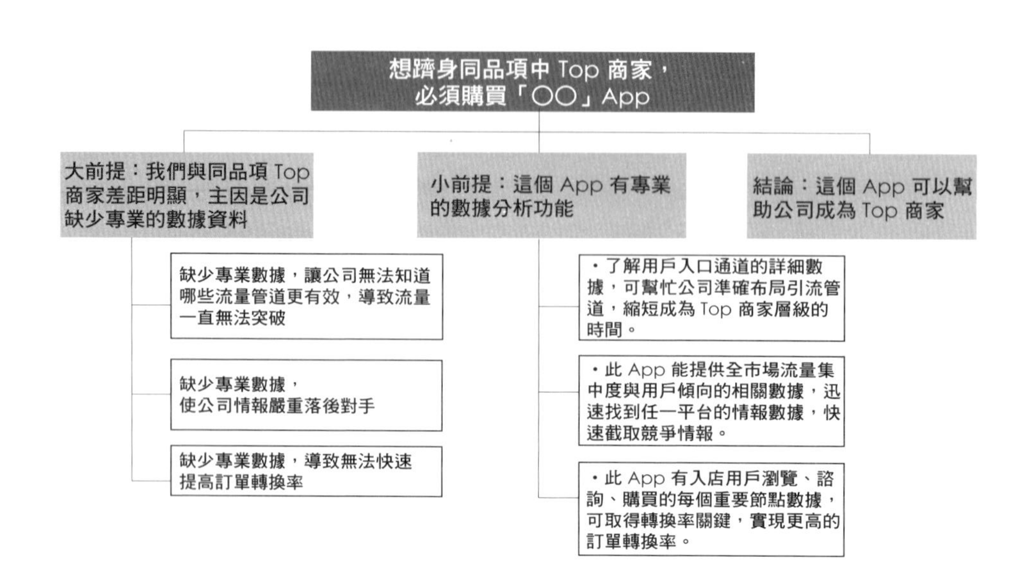
想躋身同品項中 Top 商家，必須購買「〇〇」App
大前提：我們與同品項 Top 商家差距明顯，主因是公司缺少專業的數據資料
小前提：這個 App 有專業的數據分析功能
結論：這個 App 可以幫助公司成為 Top 商家
缺少專業數據，讓公司無法知道哪些流量管道更有效，導致流量一直無法突破
缺少專業數據，使公司情報嚴重落後對手
缺少專業數據，導致無法快速提高訂單轉換率
・了解用戶入口通道的詳細數據，可幫忙公司準確布局引流管道，縮短成為 Top 商家層級的時間。
・此 App 能提供全市場流量集中度與用戶傾向的相關數據，迅速找到任一平台的情報數據，快速截取競爭情報。
・此 App 有入店用戶瀏覽、諮詢、購買的每個重要節點數據，可取得轉換率關鍵，實現更高的訂單轉換率。

▶▶▶解析

這是同一內容的修改前後對比。首先只比較結構圖呈現的狀態，不看具體內容。先看「修改後」，第二層是明顯的三段論，第三層則分別是由大前提、小前提的3項資訊所構成的歸納結構。整體的框架清晰、俐落。再看「修改前」，尤其是小前提的下一層，橫向延伸出許多分支，光縱向就多達3個層次，整體的結構複雜而臃腫。

然後細看內容，修改前第二層的大前提是「Top商家及同行都在使用，且效果顯著。這個App功能強大，其他App有缺陷」，小前提為「這個App是公司現狀和戰略所需要的，且投資收益高」，由此得出「公司應該購買這個App」的結論。將大前提、小前提拆解開，以結構圖的形式看：

將大、小前提的關鍵資訊拆解後重新組合，就可以共同形成一個歸納推理：

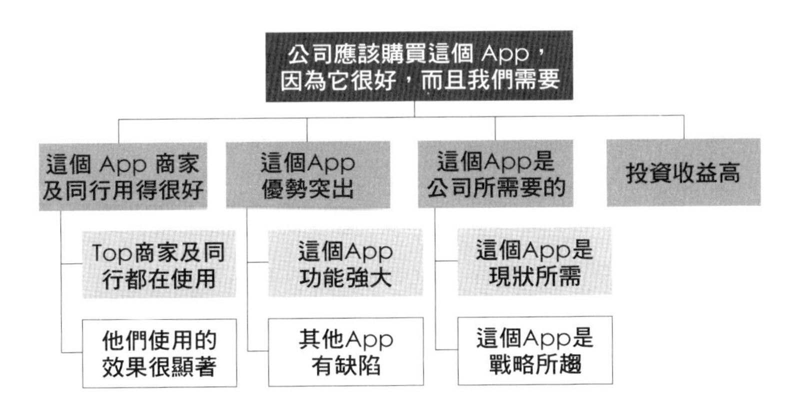

這樣一來，整個框架結構就是由歸納推理所形成，最終透過一個個歸納推理，完成本次的說服。

如果要使用三段論，那麼大、小前提就需要調整。因為修改前的大前提沒有包含小前提，二者之間沒有交集，所以才有修改後的結構，將大前提變成「我們落後的原因是缺乏專業的數據資料」，小前提則為「這個App具有能幫助公司的專業數據分析功能」，這樣就能合理地得出最後的結論「某軟體可以幫助我們改變落後的局面」。

If 麥肯錫式的自問自答練習

- **問題 1：**實際寫作時，是否存在困惑？請列出您的困惑。
- **問題 2：**回憶「Step 3 邏輯歸整」小節，講了哪些核心內容？請用自己的理解陳述。
- **問題 3：**看完本小節的內容，您有什麼感受？
- **問題 4：**對於我們的觀點，您認同、不認同哪些？怎麼修正會更好？
- **問題 5：**實際工作中，您如何處理類似情境所遇到的問題？
- **問題 6：**本小節的方法，如何應用到您的實際工作（或學習）中？

★Tips 良好的思維離不開邏輯

演繹是從一般到個別，歸納則恰恰相反，是從個別到一般（見下圖）。二者既相互區別、對立，又相互聯繫、補充，它們之間的辯證關係為：①歸納是演繹的基礎，沒有歸納就沒有演繹；②演繹是歸納的前導，沒有演繹就沒有歸納。一切科學的真理皆是歸納、演繹辯證統合下的產物，二者相互依存、相輔相成。

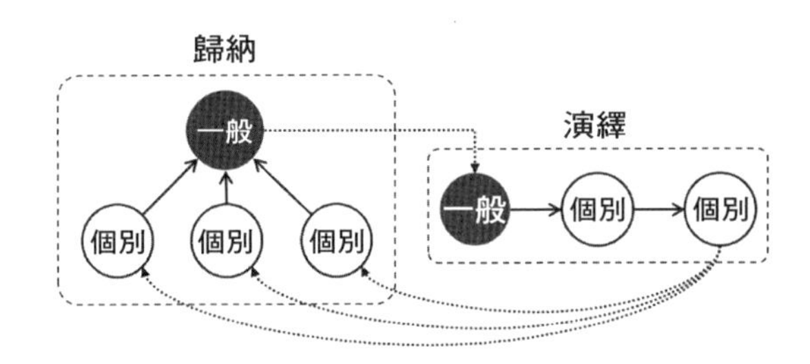

從案例3可看出，合理的邏輯運用能讓我們的表達更加簡潔、高效。簡潔並非簡單粗暴地刪減資訊，而是將重點聚焦於關鍵資訊，留取本質和核心部分，最終寫成有重點、主次分明、條理清晰的文章。

連你自己都說服不了，別妄想說服老闆，該去練功了！

・**任務 1**：請針對「3.充分說服他人」中的主要內容及核心知識點，畫出金字塔結構圖（或思維結構圖）。

・**任務 2**：請選擇實際工作中說服他人的情境，將其作為寫作主題，利用本章的方法進行一次完整的寫作。內容必須包括目標、觀點，透過「疑問－回答」工具建構出框架，並至少將演繹推理和歸納推理各演練一次（也可使用本章的方法，重新梳理曾經寫過的主題）。

4 有力量報方案：有價值的方案，得從這方面著手！

只有自己明白還不夠，還要能「報告」出來！

「方案」是職場寫作裡相當關鍵的應用情境。所謂「方案」是指：①執行工作的具體計畫；②針對某問題所制訂的計畫。我們所談的方案側重在「解決問題」，透過方案向他人展示自己分析問題的過程，提出相應的解決辦法。

在職場中，時時刻刻都要面對問題、解決問題。對於職場人士而言，解決問題能力的重要性不言而喻。不過，同等重要的還有「報告表達」的能力。在大多數情況下，只有自己有想法、知道如何解決問題是遠遠不夠的，你還需要把分析問題、找到解決辦法的過程報告出來，讓他人明白你的思路（如下圖所示），對方才能和你一起交流、探討，尋求解決之道，甚至出錢買下你的方案。

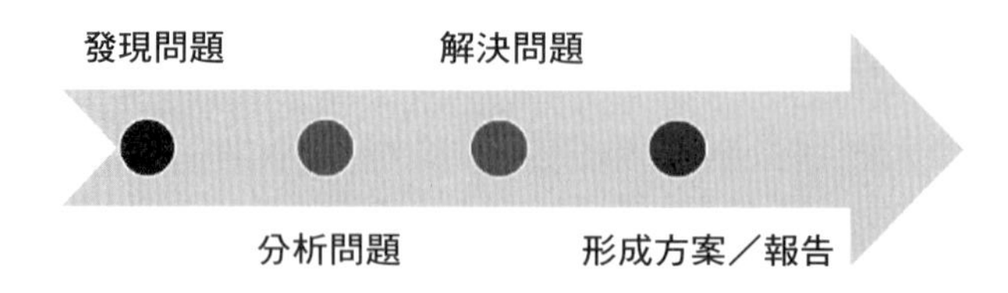

對個體而言，藏在大腦中的自我知識為「隱性知識」，從隱性到顯性需要一個轉化機制，這個機制會幫助我們提取、梳理、加工大腦中的資訊，運用語言和某種結構，讓隱性資訊清晰且有邏輯地顯現出來。結構思考力理論體系就是這樣一個轉化機制，其核心理念體現於「三層次模型」上。

結構思考力的三層次模型，由「理解、重構、呈現」三個層次所組成（見下圖）。我們可以從結構的視角，看待在日常生活中面對的事物及問題。

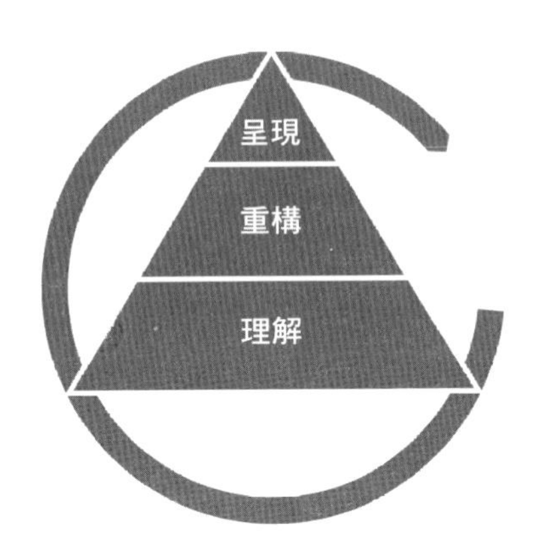

實際應用上，三層次模型對應了思考及表達的三個步驟（見下表）：

結構思考力三層次模型	理解	隱性思維顯性化	察覺自己和他人的思考結構，加以評估
	重構	顯性思維結構化	重構原來的思考結構，優化完善
	呈現	結構思維形象化	使優化後的思考結構得以形象化呈現

- **第 1 步——理解：**察覺自己與他人思考結構上的差異，評估這樣的思考結構是否符合現在的客觀環境，將人們在日常中不曾留意的思考結構顯性化。
- **第 2 步——重構：**當現有的思考結構不符合客觀環境時，我們需要針對眼前的問題或決策，重構一個合適的思考結構。臨時形成的思考結構，不像固有的思考結構那麼深刻，但同樣有助於做決策及解決問題。
- **第 3 步——呈現：**當我們已經重構出新的思考結構時，則需要將它形象化，具體呈現目前的思考結構，更能直觀地讓自己和對方理解。

撰寫方案時，如何從「自己知道」到「讓別人知道」？此時，可以調用三層次模型來建構寫作的底層框架。

What 五個步驟寫出全面而系統的方案

如果三層次模型是一種底層邏輯，那麼我們可以基於這一邏輯，建構出適用於各類不同環境需求的工具和方法。針對溝通表達（尤其是書面表達），我們提煉出五個步驟，包括：從主題到框架、從框架到內容，最後將內容的視覺形象，用一整套理論、工具及技巧完整呈現。旨在從結構的角度，快速而有條理地釐清思路、組織語言、歸納資訊素材，最終成為富有邏輯的表達內容。

這套方法與「問題解決」情境下的需求高度吻合，很適用於大型方案的構思和創作。

◎方案寫作五步驟

①**描述問題定方向：**挖掘需求，鎖定寫作方向。

②**基於目標定主題：**以終為始，緊盯方案目標。

③**縱向結構分層次：**縱向梳理，形成初步框架。

④**橫向結構選順序：**梳理邏輯，釐清表達思路。

⑤**形象表達做演示：**圖文並茂更能打動人心。

這五個步驟，是結構思考力「三層次模型」在表達情境下的應用形式，也是體現「透過結構看世界」理念的典型例子（如下圖所示）：

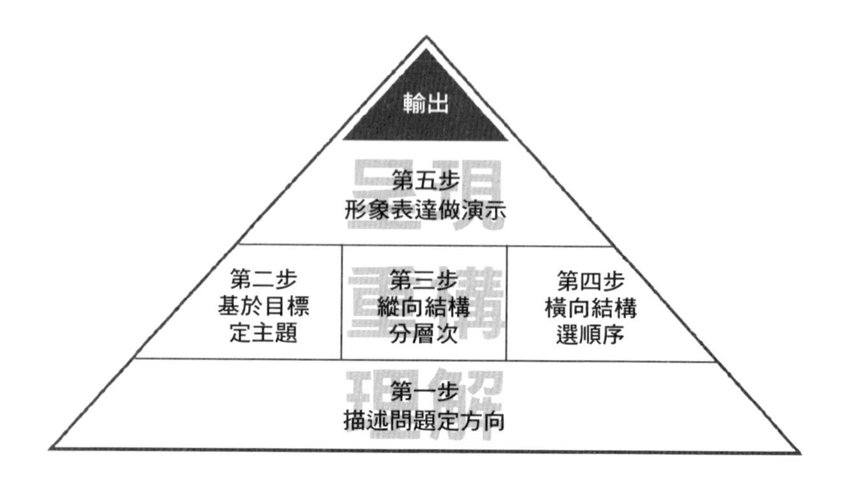

第一步「描述問題定方向」位於「理解層」，也就是在正式寫作前，先對問題進行基本分析，做到心中有數才能開始著手構思內容，本質是理解現狀。

第二層包含三個步驟：「基於目標定主題→縱向結構分層次→橫向結構選順序」。在這三步驟中，必須梳理清楚核心內容，包括：設計主題、搭建框架、組織素材，最終透過結構化的方式，將大量碎片化的資訊梳理為一個有機的整體。

最後，是「呈現層」的第五步驟「形象表達做演示」。人們從外界獲取的資訊，有80%是透過視覺完成，所以我們只需要讓他人的眼睛看到，就算完成工作了嗎？實則不然。對於職場表達來說，視覺化的核心是形象化，不僅要讓對方看到，還要看得生動而具象，最好過目不忘，這需要對內容做一些特殊的處理：

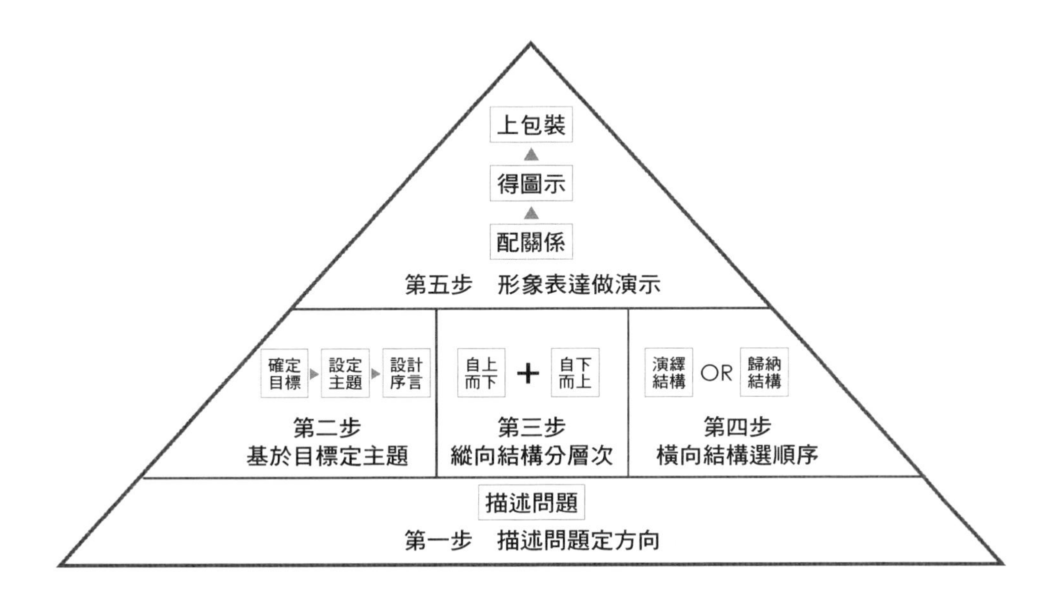

在正式介紹第四類方案寫作之前，我們先回顧並總結前述三種寫作類型的方法及工具：

清晰傳遞資訊	Step 1　設計標題	SPA（簡單明確、利益相關、準確客觀）
	Step 2　撰寫序言	SCQA（情境、衝突、疑問、回答）
	Step 3　建構內容	並列式、層遞式（2W1H）
準確總結工作	Step 1　成果分類	「行動－成果」表；開放式、封閉式分類
	Step 2　排序整理	時間順序、重要順序、結構順序
	Step 3　概括總結	資訊摘要法、邏輯推論法
充分說服他人	Step 1　明確觀點	WA方法
	Step 2　疑問回答	「疑問－回答」工具（5W2H）
	Step 3　邏輯歸整	演繹推理、歸納推理

結構化寫作的核心知識點（概念、方法和工具），已經在這三種寫作類型下全部講解完畢。在接下來的「方案寫作」中，大家會發現這些方法再次出現，而且個別工具在使用方法上還會產生些許變化。

另外，我們講解前三種寫作類型時，每個步驟都隨Why、What、How、If四個維度展開（見下圖）。

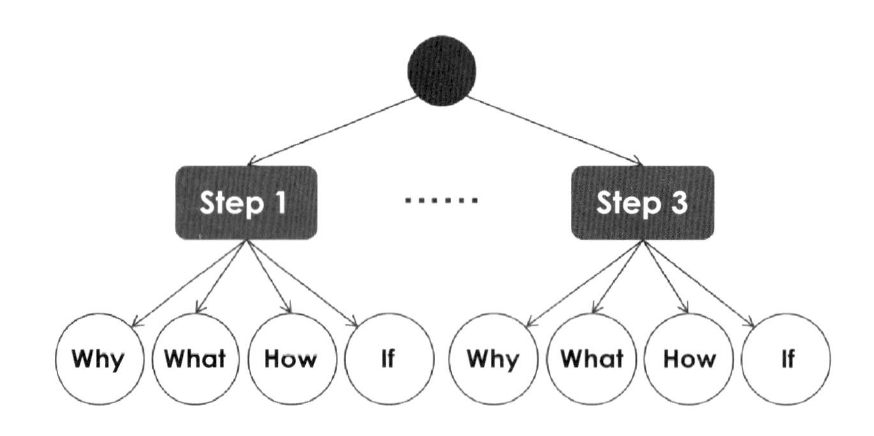

本章的方案寫作中，我們會改變結構：將五個步驟全部置於「What」之中（詳見下圖）。核心知識點都在前三種寫作類型介紹過。本章我們會用更完整、更系統的邏輯框架，將所有的方法歸納聚合在一起。因此，本章的方法應用，主要側重於整體性思考。

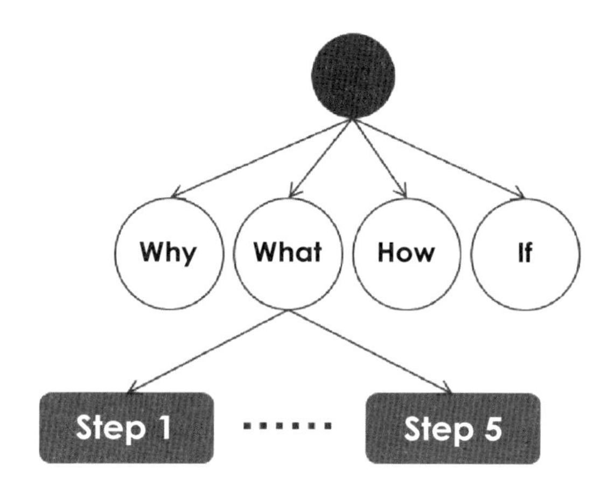

另外，為了便於大家理解，同時考慮到內容的連貫性和整體性，方案寫作的五個步驟，將使用同個案例貫徹始終。如此大家對方法的應用便能形成更系統的認知。

❶第一步——描述問題定方向：挖掘需求，鎖定寫作方向

我們來看老王的案例：

> 某地區的公務員老王，在經濟部的副主管手下工作。副主管剛分配了一項任務給他，要他針對本區中小企業融資困難的問題寫一份方案，要提供深度分析和應對措施。下週上級機關前來稽查時，老王的副主管需要在會議上進行彙報……。

這種情況在職場中經常出現。「發現問題→分析問題→撰寫方案→彙報方案→通過方案→執行方案」是組織中解決問題的常規流程，發現問題為起點，解決問題為終點。方案在這個流程不可或缺，承載重要功用。方案品質的高低，對於整體流程的運行有很大影響。高品質的方案讓參與者能快速、準確地了解關鍵資訊，清楚呈現問題分析、解決問題的框架。低品質方案屬於攪局者，不僅沒有解釋清楚原有問題，還會為流程運行帶來新的問題。

雖然時間緊迫，但老王沒有急於動手，而是決定先把問題整理一遍，弄清楚到底有什麼問題需要解決。老王的做法是對的。還沒弄清楚方向就急於解決問題者，大有人在。我們周遭總有些人整天嚷嚷著要解決問題，可是當你問他要解決什麼問題？可能出現兩種情況：①頓時傻眼，回過神一琢磨，還真不知道問題是什麼；②依稀知道，但說出來卻模稜兩可、混亂不堪。

美國哲學家、教育家、實用主義集大成者約翰・杜威說過：「把問題說清楚，就等於解決了一半。」能把問題說清楚，代表你已經看清問題的本質，找準解決問題的方案。

如何把問題說清楚呢？還記得我們在「3.充分說服他人」情境中使用的5W2H框架嗎？沒錯，現在我們又要用到它了（詳見下表）。在說服的情境裡，5W2H用來指引我們在設想問題時做到換位思考。在「方案彙報」中，它將幫助我們全面地描述問題。

問題的解決方案	……	
問題方向	參考問題	描述問題
What	什麼東西發生了什麼問題？	……
Who	誰發現？誰負責？誰處理	……
Why	為什麼這個會成為一個問題？	……
When	什麼時候發生／發現的？	……
Where	在哪裡發生／發現的？	……
How	問題如何產生？	……
How much	多少事物出了問題？到什麼程度？數量如何？	……

・**What：「什麼」發生了問題**

什麼事物出現問題？例如：產品、設備、人員、軟體或服務等。要特別注意的是，不是描述發生了什麼事情，而是描述產生問題的那個物件。

・**Who：誰跟問題有關**

主要描述與問題有關的人員，例如：誰發現問題？問題相關者有誰？誰為問題負責？誰來處理？誰來監督？誰來協助？

・Why：為什麼成為問題

需要注意的是，不是解釋問題為什麼發生，而是解釋為什麼它被當作是一個問題，切勿混淆。

・Where：何處發生

在什麼地方出現問題？在哪個環結發生問題？

・When：何時發生

問題在什麼時候發生？之前發生過嗎？問題持續多長時間？

・How：如何發生

問題是如何發生的？主要描述問題產生的方式。

・How much：問題發生的程度

主要描述問題發生的程度、數量、影響範圍，例如：問題的嚴重程度、問題的數量、問題造成的損失、問題出現的次數、問題的範圍、問題衍生的相關費用。

接著看以下範例：

問題的解決方案	向人力資源部申請多招聘12名裝卸工
問題方向	描述問題
What	貨物裝卸無法在規定時間內完成
Why	人手不足
When	2月初開始
Where	倉庫
Who	裝卸工
How	因業務量擴增，裝卸量增加了20%
How much	出現8次裝卸時間延誤；裝卸工每天加班超過3小時

5W2H框架有什麼優勢呢？除了能準確界定、清晰描述問題外，還能幫助我們從本質上看問題。5W2H從7個維度建構看待問題的大框架，讓我們全面而系統地思考問題，減少遺漏。而且方法簡單、易於操作。

回到前述老王的案例，老王利用5W2H對問題做如下描述：

問題方向	描述問題
What	本區中小企業的融資
Why	企業融不到充足資金就難以快速發展
When	近兩年
Where	本區
Who	中小企業的問題；政府、銀行為相關者
How	隨著市場環境、政策而調整
How much	佔本區中小企業總數 80%

可以將提問描述為：「近兩年，隨著市場環境變化和政策的調整，本區中小企業融資困難的問題日益突顯。企業得不到資金挹注就不能快速發展，產生這個問題除了企業自身的原因外，銀行和政府皆與此息息相關。」

當然，這只是一個簡單示範，各位在實際應用中，對問題描述得越具體詳細、越接近本質，也就意味著你對問題的認識和理解越深刻。

❷第二步——基於目標定主題：以終為始，緊盯方案目標

問題描述清楚後，老王對當前面臨的問題有了更清晰的認識，對方案的內容也有了大概的輪廓。他覺得可以開始建構方案的周邊。所謂「周邊」，是指核心內容以外的部分，包括：目標、主題、序言（見下圖）。

（1）確定目標

使用WA方法來釐清明確的目標（見下圖）。

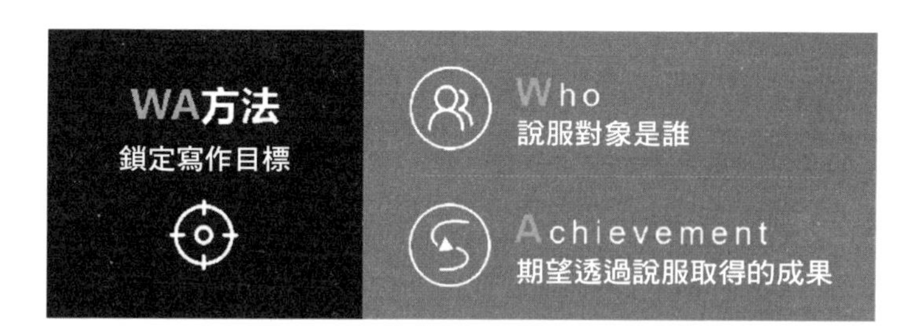

回顧 WA 方法：希望Ⓦ（某人）看完我寫的內容以後，能做到Ⓐ。「同意／接受／採納／認可」我的「觀點／立場／建議／態度」，並採取或實施我所期望的「措施／行為／行動」。

◎老王梳理出自己的目標：

W：上級機關主管。

A：了解我單位對「中小企業融資困難」問題的解決思路後，認可我們的方案。

完整表達就是：希望上級機關主管看完方案或聽完彙報後，能清楚了解我單位對「中小企業融資困難」問題的解決思路，並認可此方案。

（2）設定主題

老王對此方案有了清晰的寫作目標，他知道自己要寫什麼內容。現在，老王要為自己的方案設定一個響亮的標題，於是他調用 SPA 原則（見下圖）。

老王的目標是讓上級機關主管「了解我單位對『中小企業融資困難』問題的解決思路」，所以標題要簡單直接，讓上級機關主管一看就知道他們準備怎麼做、能取得什麼成效。

其實，有很多途徑能幫中小企業解決融資問題，例如：政府、銀行、企業本身。一旦突破融資瓶頸就能獲得充足的資金來源，那麼企業的發展就不會因資金問題而停滯不前。經過一番思考，老王確定了標題：

> 企業、銀行、政府三方三管齊下，突破中小企業融資瓶頸

（3）設計序言

老王想著，接下來該寫一段序言當作開場白。畢竟上級機關主管不太了解實際情況及相關背景，所以需要簡單介紹一下。另外，老王也要引導上級機關主管的思路，讓他們將關注點聚焦在老王設定的主題上。該怎麼寫才好呢？老王想到SCQA模式（見下圖）：

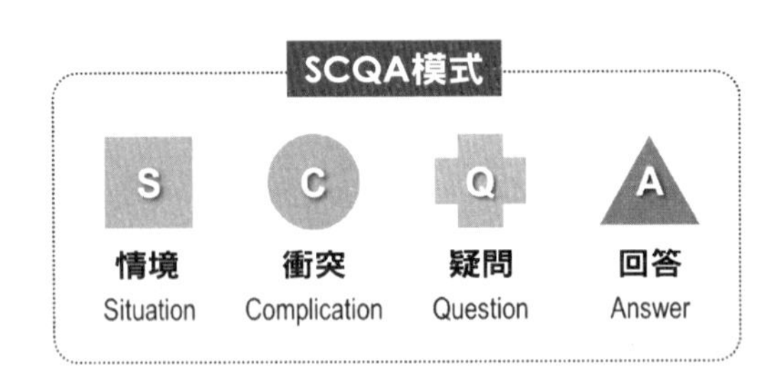

◎老王選擇用「SCQA－標準式」寫出序言：

> Ⓢ近年來，我區中小企業數量迅速增加，素質不斷提高，活力明顯增強，對於促進經濟成長、推動技術創新、提高社會就業率、增加地方財政收入等方面，都起了重要作用，已成為我區國民經濟之重要組成的一部分。Ⓒ然而，隨著世界金融形勢惡化、國內金融政策進一步調整，我區中小企業融資困難，成為制約中小企業發展的主要問題之一。Ⓠ如何幫助中小企業解決問題？Ⓐ可以

從企業、銀行、政府三方三管齊下，一舉突破中小企業融資瓶頸，協助它們快速發展。

至此，方案的周邊部分已經全部完工。眼看馬上就要開始撰寫方案的核心內容，老王此時卻停滯下來。他感覺自己大腦中缺少一個指引他布局的框架。老王認為應該仔細構思一下，不能急於求成，立刻進入細節的描述，而是得先把整個方案的骨架畫出來，再往裡面填充內容。

老王想到的框架、骨架，就是結構圖。芭芭拉・明托的研究顯示，條理清晰的文章一定有金字塔結構在支撐，而這篇文章也一定會符合「論證類比」這四個基本原則。這就是結構思考力強調的「先框架，再細節」的思考理念。

我們提過，四個基本原則是一種縱向與橫向交互建構出的思維結構。我們必須從縱、橫兩個方向思考如何搭建結構。而縱向、橫向的思考也有它的優先順序，先縱向，然後才是橫向。

縱向梳理是為了形成上下層級之間「層」與「層」的關係，形塑出框架的主幹。接著，再透過橫向梳理去釐清資訊組內部以及資訊組之間的關係。實際應用上，縱向、橫向的梳理並非壁壘分明，二者往往交替進行或同時考慮，是相輔相成的關係。

❸ 第三步——縱向結構分層次：縱向梳理，形成初步框架

實際工作中，經常出現兩種情況：①已有一個清晰明確的主題，接著要將這個主題發展為完整內容；②手上握有一堆零散的資訊，將它們組織成完整的內容。這兩種情況實際上是「縱向」的兩個細分項，前者是「自上而下」，後者是「自下而上」。

(1) 自上而下

自上而下是從主題開始思考，老王很自然地想到「疑問－回答」工具。他心想，如果上級機關主管看到他的標題，一定會產生很多問題，他只要提前想

好這些問題，然後充分回答就行了。於是，他調用2W1H框架（如下圖）。

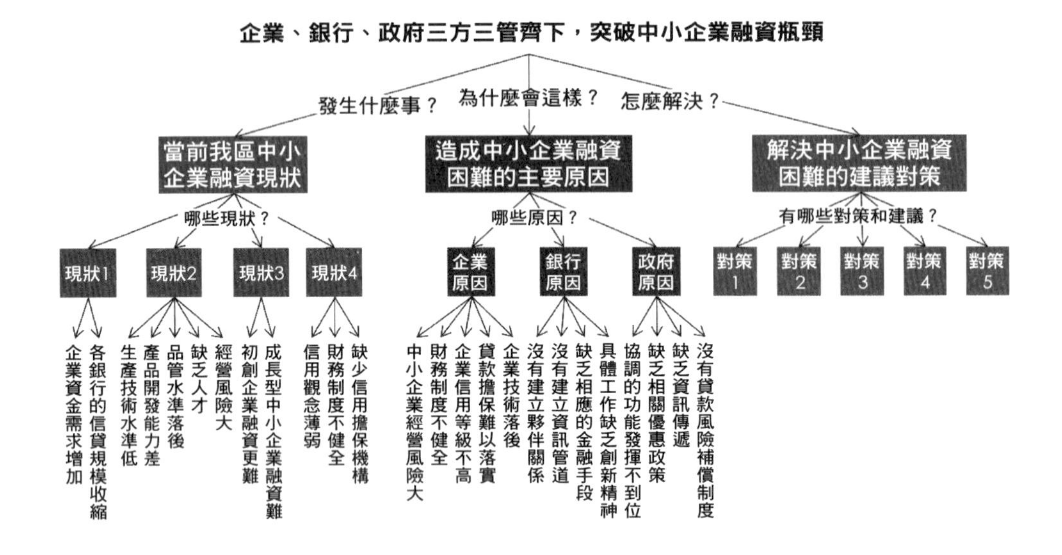

老王採用的其實就是結構思考力中「自上而下」搭建框架的方法，分為三步驟（如下圖）：①設定主題；②針對主題換位思考，設想對方可能提出哪些問題；③回答這些問題。藉由設想問題的方式層層深入，最終形成初步的框架。由於此方法將重點放在對方關注的問題上，因此有很強的說服力。

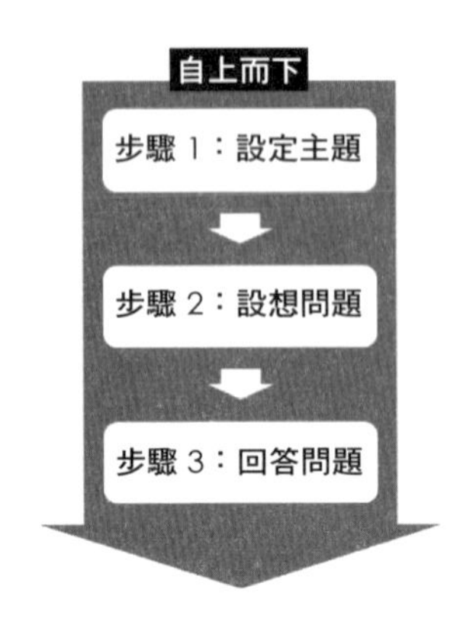

與「疑問－回答」工具相互搭配使用的是2W1H框架；如果是更複雜的主

題，則可調用涵蓋面更廣的5W2H框架。二者本質都使我們在考慮問題時能更加全面、避免遺漏。

（2）自下而上

老王擁有非常豐富的工作經驗，對於中小企業的融資問題，早已做過深入研究。因此，他接下工作任務後，很快就列出一大堆資訊：

加快建立我國的企業貸款擔保公司
建立上市櫃的優先管道
建立中小企業貸款風險補償制度
積極爭取公司小額貸款的試營運
以座談會形式推進銀企合作
建立中小企業重點項目
展開〇〇貸款的準備工作
注重建立自身的品牌信用
講求管理、講求效益
沒有貸款風險補償制度
缺乏資訊傳遞
缺乏相關優惠政策
協調的功能發揮不到位
具體工作缺乏創新精神
缺乏相應的金融手段
沒有建立資訊管道
沒有建立夥伴關係
企業技術落後
貸款擔保難以落實
企業信用等級不高
財務制度不健全
中小企業經營風險大
缺少信用擔保機構
財務制度不健全
信用觀念薄弱
成長型中小企業融資難
初創企業融資更難
經營風險大
缺乏人才
品管水準落後
產品開發能力差
生產技術水準低
各銀行的信貸規模收縮
企業資金需求增加

接下來，他對這些資訊進行分類（以字型區隔出3種分類）。

加快建立我國的企業貸款擔保公司
建立上市櫃的優先管道
建立中小企業貸款風險補償制度
積極爭取公司小額貸款的試營運
以座談會形式推進銀企合作
建立中小企業重點項目
展開〇〇貸款的準備工作
注重建立自身的品牌信用
講求管理、講求效益
沒有貸款風險補償制度
缺乏資訊傳遞
缺乏相關優惠政策
協調的功能發揮不到位
具體工作缺乏創新精神
缺乏相應的金融手段
沒有建立資訊管道
沒有建立夥伴關係
企業技術落後
貸款擔保難以落實
企業信用等級不高
財務制度不健全
中小企業經營風險大
缺少信用擔保機構
財務制度不健全
信用觀念薄弱
成長型中小企業融資難
初創企業融資更難
經營風險大
缺乏人才
品管水準落後
產品開發能力差
生產技術水準低
各銀行的信貸規模收縮
企業資金需求增加

老王分類完這些資訊，接著就一層層地向上概括，形成結論，最終構建出整個框架（見下圖）：

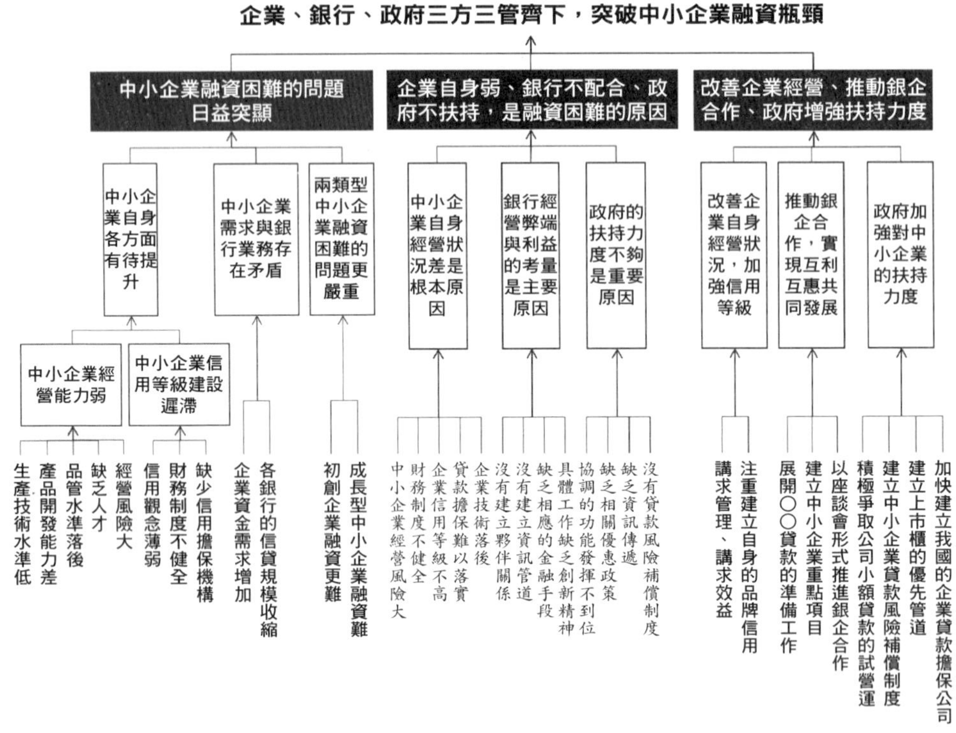

這一次，老王採用的則是「自下而上」搭建框架的方法，分為三步驟（如下圖）：①羅列資訊；②尋找共性，分類資訊；③對資訊進行概括後得出結論。很多時候，我們手邊有很多資訊、素材，可能連最終想要表達什麼觀點都還未有個明確方向。自下而上的梳理方式，可以解決這一問題，讓我們得以將散亂的資訊進行快速地歸類整理。

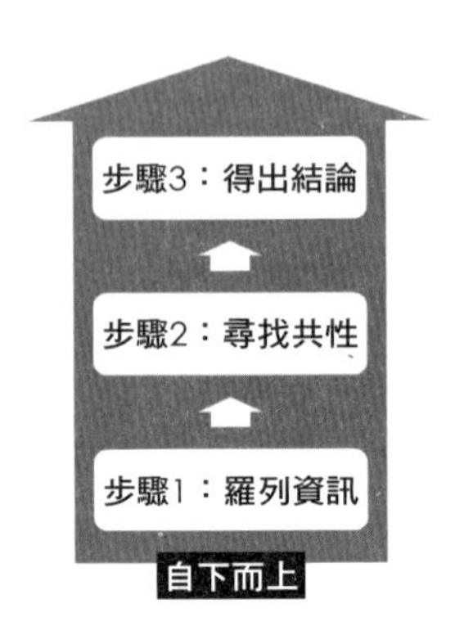

「自下而上」和「自上而下」皆是一種框架方法，其關鍵步驟都需要調用其他相關的工具和技巧。例如：在自下而上步驟2時，老王如何尋找出它們的「共性」呢？他將資訊分為兩大類，一類偏靜態，一類則偏動態。靜態類資訊往往擁有共同的屬性或特徵；動態類資訊往往是一系列的行動，這些行動導致或產生共同的結果（如下圖）。

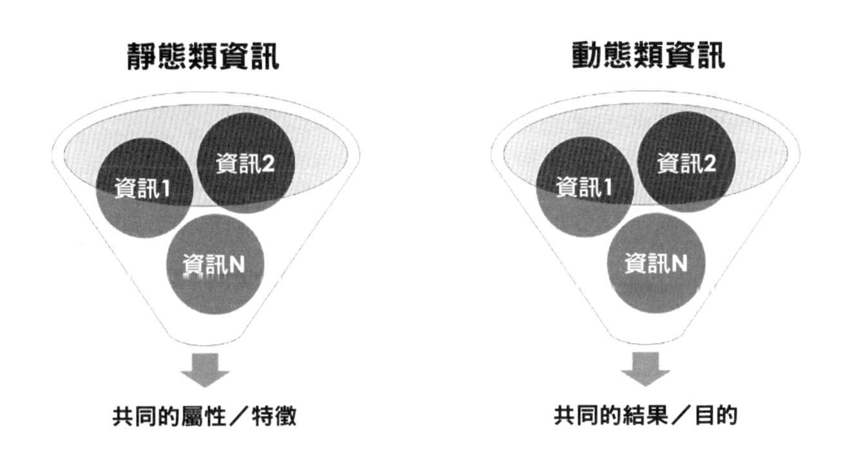

到了自下而上步驟3，針對這兩類資訊分別採用「資訊摘要法」和「邏輯推論法」概括，進而形成結論。

有時老王會感覺大腦不堪用了，概括得相當辛苦，於是他自問「我列出了這麼多資訊，然後呢？」，藉由這種方法讓自己得出結論。

❹ 第四步——橫向結構選順序：梳理邏輯，釐清表達思路

老王透過上下層級之間縱向關係的梳理，形成初步的骨架。現在，需要整理資訊組內部，以及資訊組之間的關係。

從系統的眼光來看金字塔結構，一個個資訊組可視為最小單元結構。各資訊經由某種聯結形成資訊組，而各資訊組又藉由橫向、縱向的關聯，組成整體結構。根據各資訊之間的論證推理關係，我們可以將資訊組分為兩種：演繹資訊組、歸納資訊組（見下圖）。

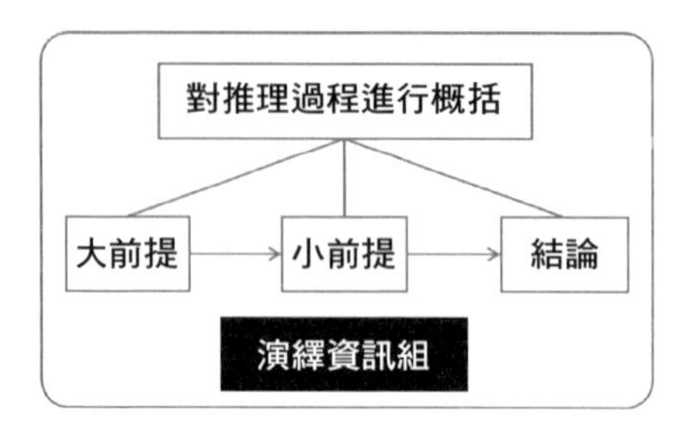

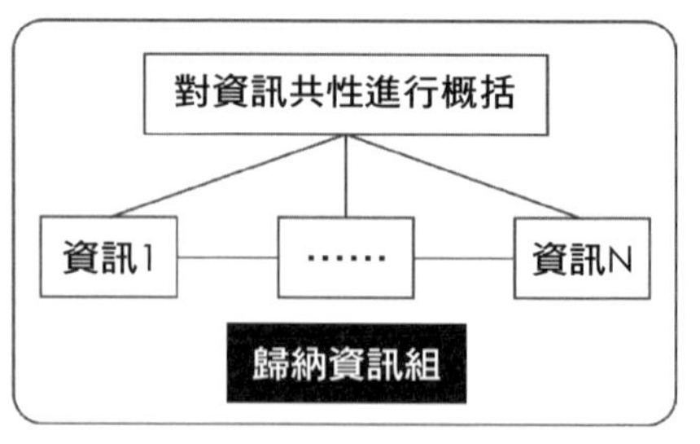

（1）演繹資訊組

前文介紹演繹推理的章節中，講解過三段論的形式。實際上，還有一種形式經常使用，那就是「現象－原因－解決方案」（見下圖）。這種形式雖然沒有明顯的邏輯推理關係，但支撐它的依然是「三段論演繹推理」。

舉例來說：

- **現象**：憂鬱症患者的消極情緒使患者的生活毫無樂趣。
- **原因**：憂鬱症患者缺乏大腦神經傳導物質——血清素（serotonin，簡稱 5-HT）。
- **解決方案**：「百憂解（Prozac）」藉由選擇性地增加大腦中的血清素供給，來糾正這種神經傳導物質缺乏的狀態。

這個例子背後隱含三段論的推理形式，如下所述：

- **大前提**：增加血清素的供給，能改善憂鬱症的症狀。
- **小前提**：百憂解可以選擇性地增加大腦中的「血清素」供給。
- **結論**：百憂解能夠有效控制憂鬱症的症狀。

我們把「大前提－小前提－結論」稱為「標準式三段論」；「現象－原因－解決方案」稱為「常見式三段論」（見下圖）。它們同屬演繹推理。

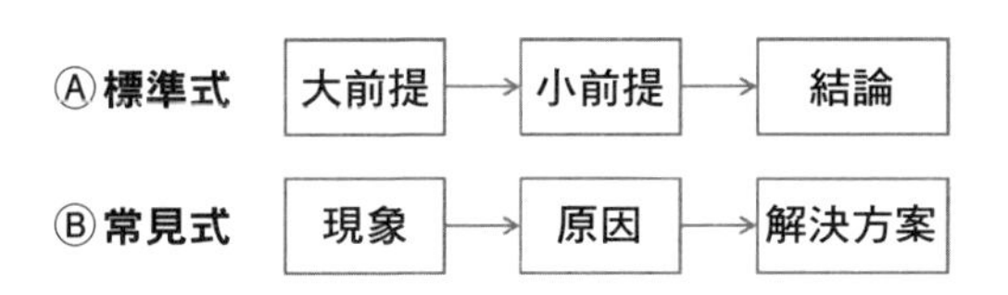

這裡有必要詳細說明「演繹資訊組」的結構（見下圖）：標準式三段論中的「結論a」，是根據大、小前提推導而來；三段論的「核心結論」則是對整個推理過程進行概括而形成。

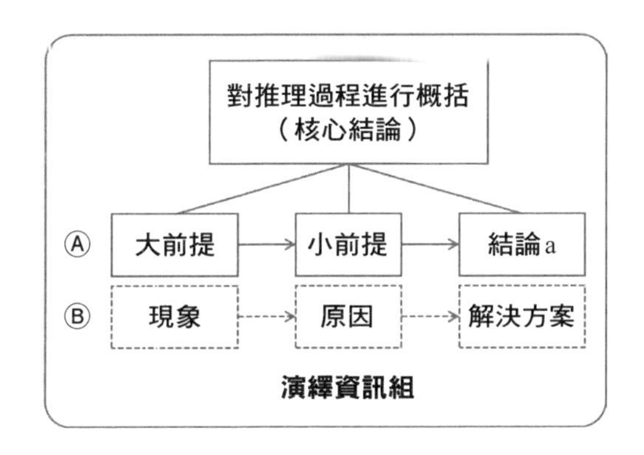

（2）歸納資訊組

歸納資訊組的下層資訊是「並列」關係，而演繹資訊組是「前因後果」的因果邏輯關係，可抓出「因為……所以……」的關鍵字，把前後的資訊連接起來。至於歸納資訊組的結論，可透過「資訊摘要法」和「邏輯推論法」得出。關鍵是選擇合適的標準，找準資訊之間接近本質的共性，進行合理地概括。

正因為這些資訊屬於並列關係，所以如何有條理地呈現資訊，就顯得很重要。若不經處理就直接羅列資訊，會令人難以理解，因為對方不知道你表達的這些資訊之間有什麼關聯。這時，必須思考這些資訊按照何種順序排列，才能夠易於理解：

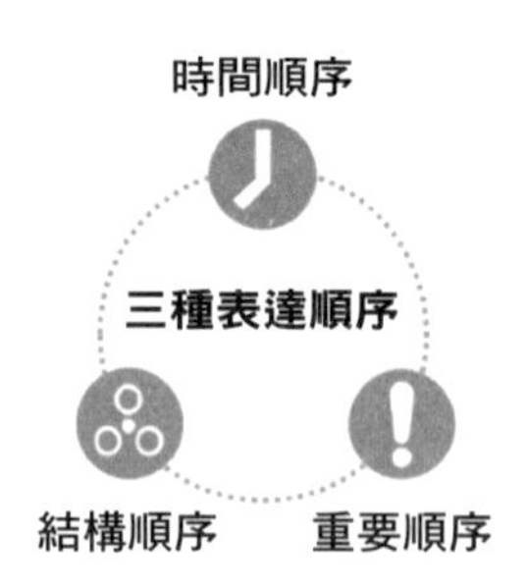

歸納資訊組有一點需要特別注意，那就是「並列」的資訊必須遵循MECE原則——相互獨立不重複、列舉完全。很多人運用歸納資訊組時經常犯這種毛病：各個資訊在概念上重複，或者遺漏重要的關鍵資訊。

回到老王的方案（見下頁圖A），他決定在第二層，也就是核心骨架上用常見式三段論展開，往下的層級則全部採用「歸納」的方式（見下頁圖B）。

從老王的結構圖可以看出來，造成中小企業融資困難的原因，主要源自三方面：企業自身、銀行、政府。而老王的解決方案也與之一一對應。我們在實際應用時，若採用「現象－原因－解決方案」三段論，要盡量做到解決方案與原因都能夠一一對應（見下頁圖B）。

下頁「圖B」的第三層都是歸納資訊組，因此老王特別注意順序問題。「現象」之下的三個資訊是按照重要性排列；「原因」之下，按照企業的內、外部因素排列，屬於結構順序。而此後往下延伸的每一層，都必須按照一定的順序結構進行排列。

至此，老王的方案已經出現雛形，標題、序言、框架全都搭建完成（見P.174圖C），剩餘的就只是根據框架的指引，寫出完整的方案內容。

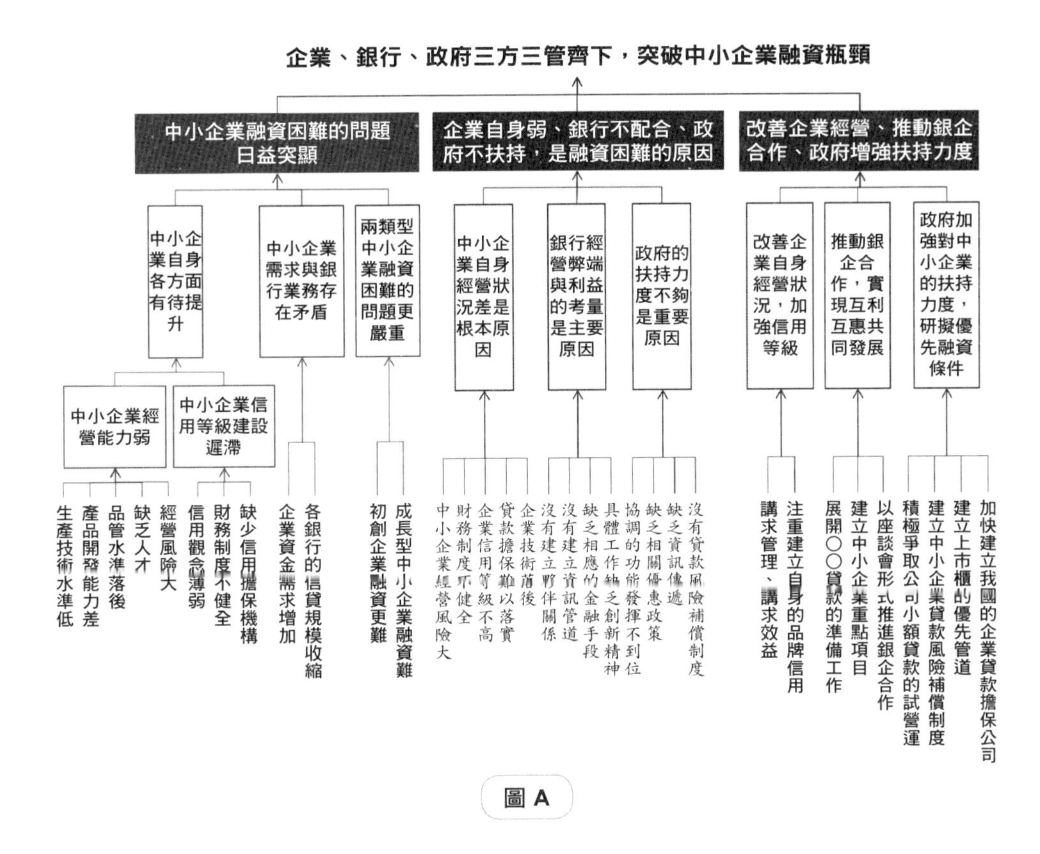

圖 A

企業、銀行、政府三方三管齊下，突破中小企業融資瓶頸

現象：中小企業融資困難的問題日益突顯

原因：企業自身弱、銀行不配合、政府不扶持，是融資困難的原因

方案：改善企業經營、推動銀企合作、政府增強扶持力度

中小企業自身各方面有待提升

中小企業需求與銀行業務存在矛盾

兩類型中小企業融資困難的問題更嚴重

中小企業自身經營狀況差是根本原因

銀行經營弊端與利益的考量是主要原因

政府的扶持力度不夠是重要原因

改善企業自身經營狀況，加強信用等級

推動銀企合作，實現互利互惠共同發展

政府加強對中小企業的扶持力度，研擬優先融資條件

圖 B

企業、銀行、政府三方三管齊下，突破中小企業融資瓶頸

近年來，我區中小企業數量迅速增加，素質不斷提高，活力明顯增強，對於促進經濟成長、推動技術創新、提高社會就業率、增加地方財政收入等方面，都起了重要作用，已成為我區國民經濟之重要組成的一部分。然而，隨著世界金融形勢惡化、國內金融政策進一步調整，我區中小企業融資困難，成為制約中小企業發展的主要問題之一。如何幫助中小企業解決問題？可以從企業、銀行、政府三方三管齊下，一舉突破中小企業融資瓶頸，協助它們快速發展。

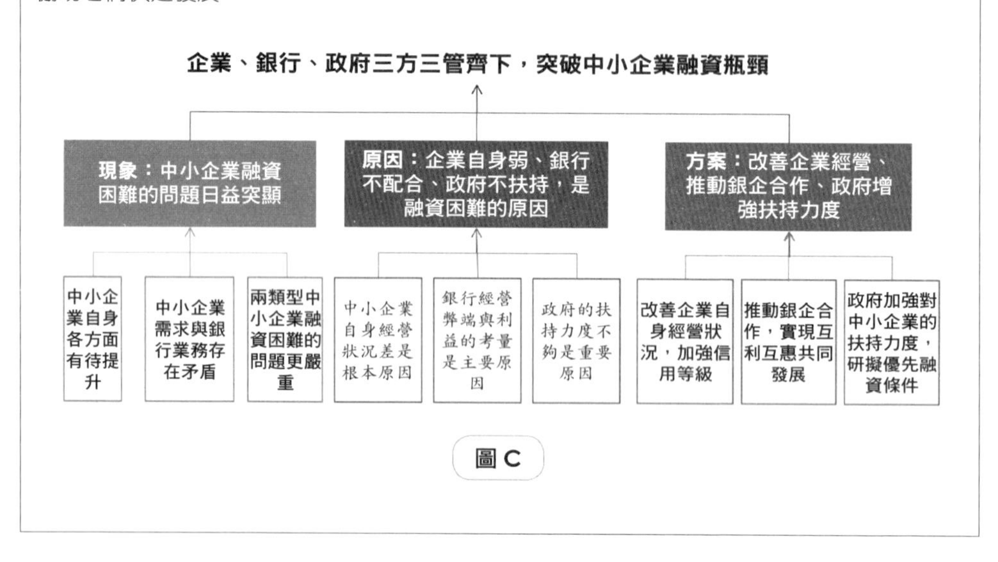

圖C

❺第五步——形象表達做演示：圖文並茂更能打動人心

多數情況下，工作上的文件通常會使用Word、PPT。站在讀者的角度，沒有人願意看那些密密麻麻的大段文字，一方面是視覺體驗不佳；另一方面則是傳遞資訊的效度不強，令人不易理解和記憶。因此，如何做到圖文並茂地形象化呈現，就顯得非常重要。

實際上，各類型的寫作也需要把文字做視覺化處理，才更容易吸引讀者的眼球。如果繼續強調使用圖形的重要性，那可真是老調重彈了。已有太多的有識之士呼籲：「好圖勝千言。」

但是，我們還是不得不進一步說明，因為依然有太多職場人士忽視圖形的運用，源源不絕地寫出讓人頭疼或心煩的大段文字。愛因斯坦曾言明，他很少用語言思考，如果把視覺圖像轉化成口頭語言、數學術語，會耗費掉他很多精力。愛因斯坦的這席話並非否定語言及文字。前面我們提過「抽象」的概念，就資訊傳達層面而言，可把圖形視為對文字進一步抽象化後的產物，或說「視覺化抽象」。這種抽象化的本質是化繁為簡，也就是屏棄多餘而無意義的資訊，只傳遞和保留最有效的那一部分。

使用圖形可以達到引導讀者視線和思維的作用。不僅寫作，演講也是如此。隨著科技進步和條件的成熟，越來越多人在演講時會選擇PPT作為背景（如下圖），TED演講便是最常見的例子。無論介紹產品還是講述故事，都會搭配相應的PPT畫面，而且他們的PPT風格往往非常簡潔，一張圖片、一句話、一個資料。但這並沒有影響資訊的傳遞，反而可以更加牢固地抓住觀眾的注意力。這是因為如果我們的眼睛注意到有趣的事物，我們的思維就可以持續地保持專注。

回到方案寫作上，我們此處所說的視覺化，並不是單純替文字配上圖片，而是要進一步處理資訊，用一種更直觀、更形象的方式，呈現資訊之間的邏輯關係，讓讀者可以準確而有效率地理解內容，甚至是快速記憶。我們將這種處理資訊的方式稱為「形象化」。

形象化不僅便於讀者理解，實際上也讓我們有機會更深入思考和梳理各資訊之間的關係。只有把問題想透徹，才有可能從本質上清晰呈現相關資訊之間的邏輯關係，最終能夠深入淺出——說話、文章的思想內容非常深刻，呈現出來卻淺顯易懂。如何使表達做到形象化呢？結構思考力理論體系中恰好有這種工具，叫作「結構羅盤」。經由此工具，可以快速而輕鬆地實現形象化。

雖然結構羅盤並非風水羅盤，但本質上有相通之處。羅盤又稱「羅經」，發明於軒轅黃帝時代，是參考日月山河、天象星宿、地理形態等自然規律和運行原則，加以修正改良而製成。

羅盤是風水操作的重要工具，基本用途是測定方位和勘查地形。羅盤由位在盤中央的磁鍼和一系列同心圓圈組成，每一個圓圈都代表古人對於宇宙大系統中某個層次資訊的理解。人們憑藉經驗把宇宙中各層次的資訊全部放在羅盤上，透過磁鍼的轉動，尋找趨吉避凶的方位或時間（見下圖）。可以說，羅盤上標記的資訊是中國古老智慧的總合體現。

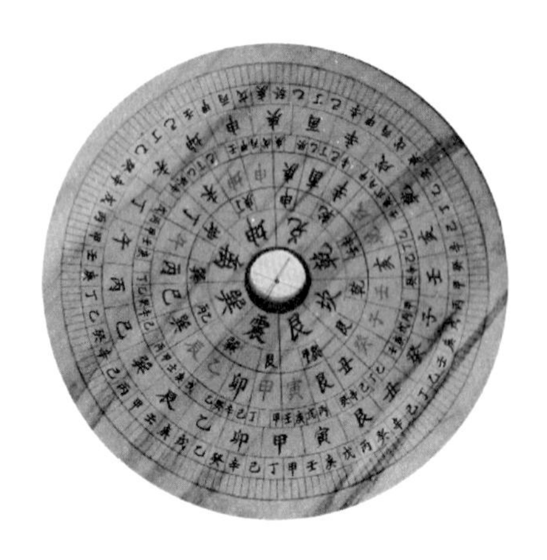

從資訊加工的角度，看風水羅盤的構造及背後的理論，其實就是將資訊結構化之後的結果。宇宙系統的資訊量何其龐大，古人先縱向分層，再橫向分類，就將它們濃縮在一塊小小的盤面上，這種方式就是一種以簡馭繁的形象化呈現（如下圖）。

宇宙系統資訊 —結構化／形象化→ 風水羅盤

風水羅盤用來測定方向，結構羅盤則用來進一步處理資訊，使其形象化。結構羅盤由三大同心圓環所組成，由內而外分別代表關係、圖示、包裝（詳見下圖）。

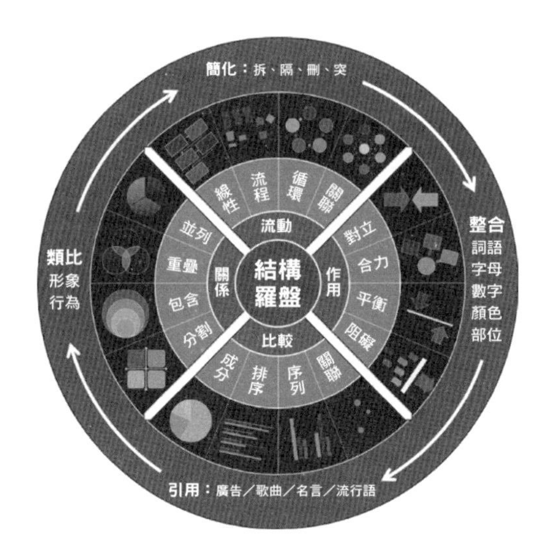

實際上，三大圓環正好對應形象表達的三個步驟（見下圖）。第一步「配關係」，釐清資訊要素之間的關係。第二步「得圖示」，選擇相應的圖示，以準確恰當地展現資訊的關係。第三步「上包裝」，透過某種方式對資訊做進一步處理，使其更加精煉、簡潔，且容易記憶。

這三步驟可簡稱為「配得上」。資訊的排列要「配得上」它們之間的邏輯關係；畫出的圖示（圖形、圖表）要「配得上」資訊之間的關係；形象化展示要「配得上」資訊所要傳達的核心思想。變化的是每一步的方法和形式，不變的是資訊間邏輯的傳遞。接下來，我們將對這三步驟進一步說明。

（1）配關係

所謂「配關係」，就是深入發現、探尋資訊要素之間是如何相互作用、相互影響，並以何種形式連結彼此。我們對常見的關係進行梳理和總結，最後將各種關係歸類為4種模式，每種模式底下又再分出4種關係，也就是說常見的關係一共是4種模式16種關係（如下圖）。

模式	關係
流動模式（流動）	線性關係
	流程關係
	循環關係
	關聯關係
作用模式（力量）	對立關係
	合力關係
	平衡關係
	阻礙關係
關係模式（構造）	並列關係
	重疊關係
	包含關係
	分割關係
比較模式（數據）	成分關係
	排序關係
	序列關係
	關聯關係

・流動模式

包括：線性、流程、循環、關聯這4種關係，表示資訊的流動。

・作用模式

包括：對立、合力、平衡、阻礙這4種關係。「對立」是兩個或多個力量之間形成對抗；「合力」則表示幾個力量合在一起。

・關係模式

包括：並列、重疊、包含、分割這4種關係。例如：兩個圓沒有任何交叉是「並列」關係，距離更近一點就變成「重疊」關係，「包含」則是一個圓在另外一個圓裡面，其實都是一種從遠及近的關係。

・比較模式

包括：成分、排序、序列、關聯這4種關係。此模式多半是呈現資料的圖示，表示成分用「圓餅圖」，排序用「橫條圖」，序列則用「直條圖」或「折線圖」。

若純粹用文字描述16種關係，大家不易理解到位。因此，我們有必要利用圖示幫助大家理解。

（2）得圖示

當關係明確後就需要思考，如何用恰當的圖形，更直觀地呈現資訊要素間的關係，也就是「得圖示」環節。對於16種關係的說明，我們將借助圖示更加直觀地解釋。

流動模式

「流動模式」的關係重點是展示資訊的流動，資訊之間會形成明顯的指向，形成圖示後，我們能感受到其中的暗潮洶湧。

①**線性關係：**資訊要素會呈現有頭有尾，而且是從頭到尾的簡單流程關係，資訊之間的關係始終指向同一方向，所以稱為「線性」。可能在某個節點會產生分支，但這些分支最終會匯集到一起。

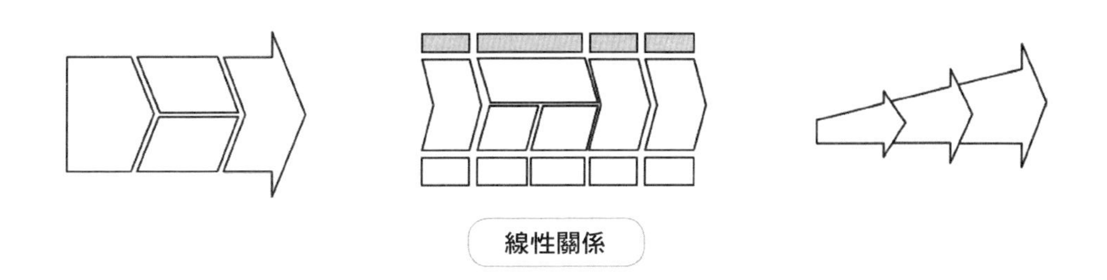

線性關係

②**流程關係：**與「線性關係」一樣是流程化走向，不同之處在於：當某個或幾個節點產生分支，這些節點會從原來的方向跳躍且指向其他的節點。

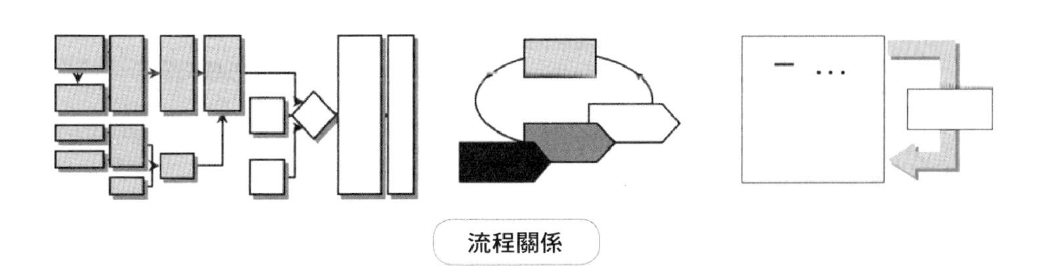

流程關係

③**循環關係：**資訊以環形或迴路方式運行，運行一個圓周後回到原處，呈現事物進行周而復始的運動或變遷的關係。

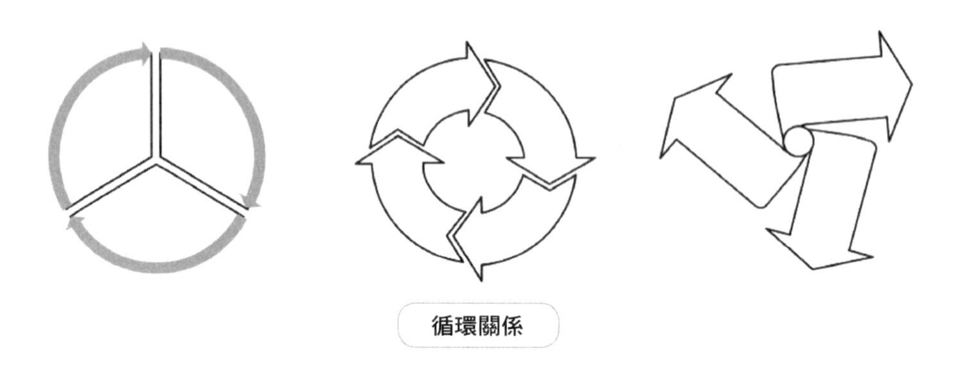

循環關係

④**關聯關係：**體現出系統關係，每個要素都與其他多個要素形成關聯，最終各個要素構成錯綜複雜的系統性聯繫。

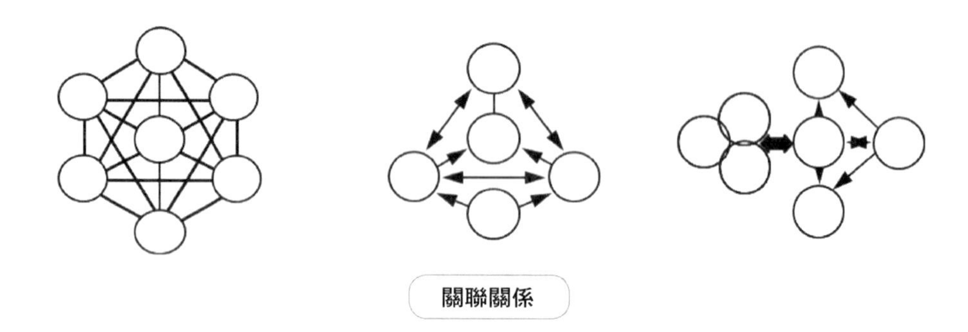

關聯關係

作用模式

體現一系列力量的關係。我們都知道物體對物體作用會產生力，這也是我們稱之為「作用模式」的原因。在該模式下，能感受到要素之間較量下產生的各種力。

①**對立關係：**體現出對抗、衝突、對立、矛盾等，但不是非黑即白的極端思維，而是「辯證統合」思想的體現。

對立關係

②**合力關係：**體現團結、匯集、聚焦等。各要素朝著同一方向或目標聚集，或說這些要素的存在都是為了支撐同一個目標，抑或是不管多少要素都將導致同一個結果。

合力關係

③**平衡關係：**雖然稱為平衡關係，但它也可以展現失衡的狀態。建立平衡、處於平衡，抑或打破平衡，都可以歸類為平衡關係。

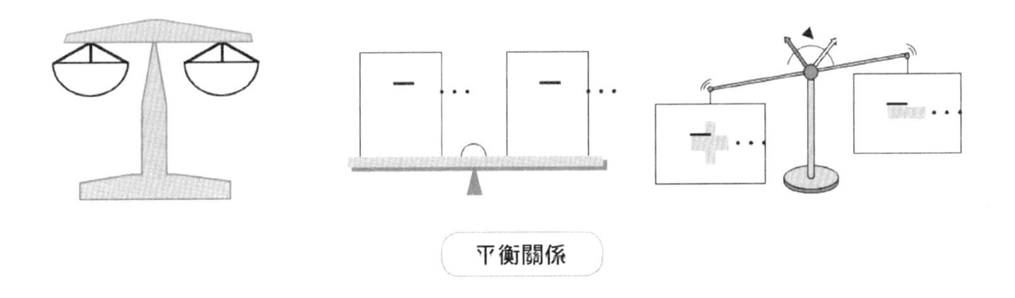

平衡關係

④**阻礙關係：**此關係體現於兩種面向，一種是一方對另一方設置的障礙、封鎖，或施加的阻力；另一種則是受阻的一方進行的突破、滲透。

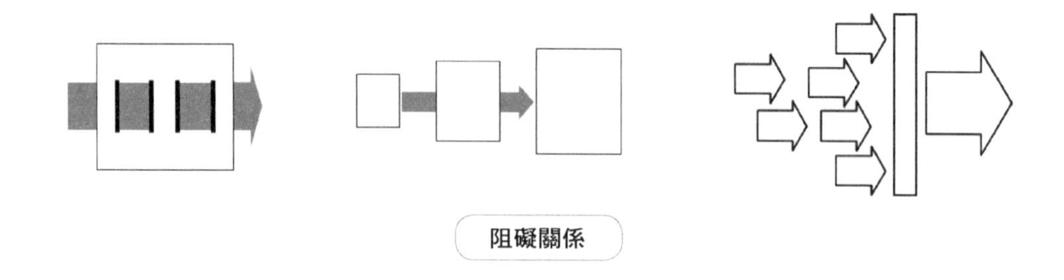

阻礙關係

關係模式

側重於展示結構面的關係，圖示呈現的樣貌會帶給人強烈的空間割裂感，讓人們非常直觀地感受到整體與部分的關係。

①**並列關係：**各個要素往往是並駕齊驅，它們是一種平等的關係，看不出先後、主次之分。

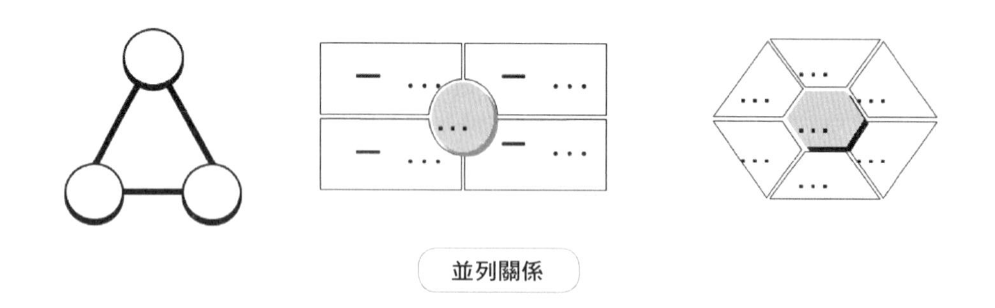

並列關係

②**重疊關係：**強調交叉、共有。雖然資訊要素不相同，但擁有共通的性質、特徵和內容等，而且重疊的部分正是需要重點關注的要素。重疊關係也能用來表現要素之間的融合，即「你中有我，我中亦有你」。

重疊關係

③**包含關係：**展現不同要素所構成「集合」的從屬關係。涉及「大範圍」對「小範圍」的包含，或「大概念」對「小概念」的包含。

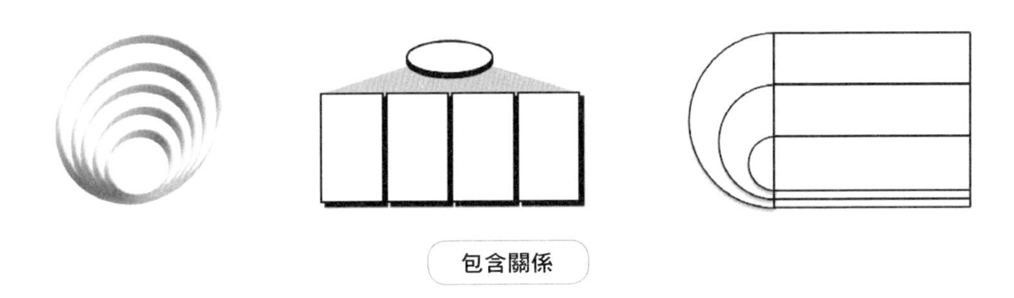

包含關係

④**分割關係：**最能體現MECE原則的一項關係。可使用二維矩陣、樹狀圖、金字塔圖等圖示呈現。

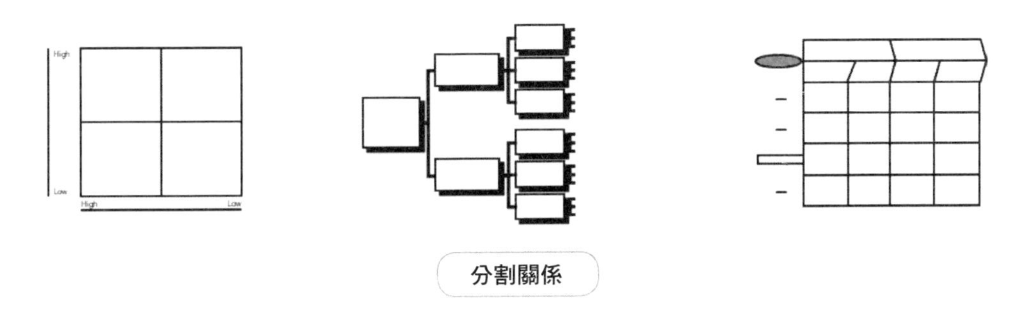

分割關係

比較模式

與前三種模式不同，主要用於體現資料之間的關係，屬於「用資料說話」的類型。

①**成分關係：**表現某項數值相對於總數值的大小，一般用圓餅圖呈現。

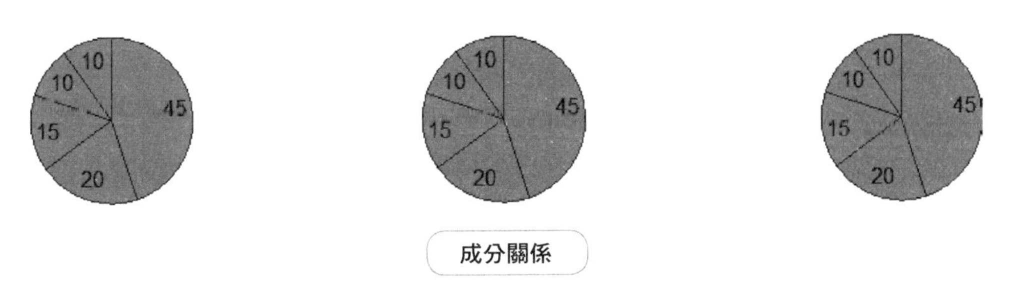

成分關係

②**排序關係：**體現各個資料項目之間的比較，一般用橫條圖表示。

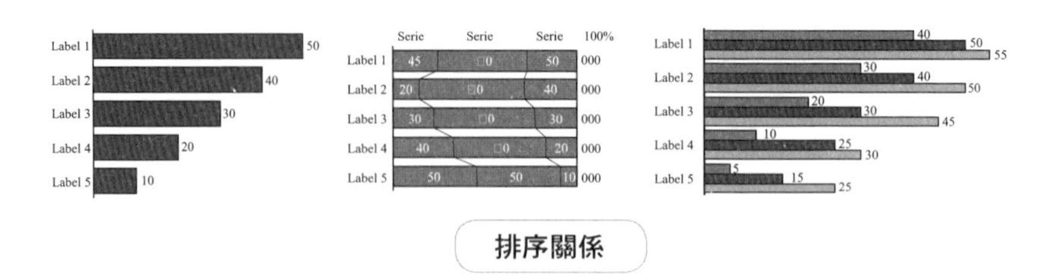

排序關係

③**序列關係：**呈現一段時間內的資料變化，或顯示各項資料的比較情況，一般用直條圖表示。

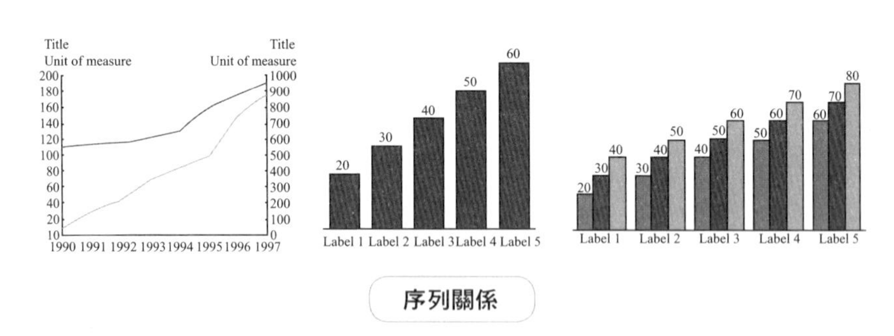

序列關係

在此需要特別注意直條圖與橫條圖的區別。直條圖通常用來呈現變量的分布，而橫條圖經常用來比較變量（如下表所示）。

直條圖	橫條圖
呈現變量的分布	比較變量
橫軸為量化數據	橫軸為類別
不同項目的直條一般不能重新排序	不同項目的橫條可以任意重新排序

④**關聯關係：**呈現變量變化的大致趨勢，一般以散點圖、氣泡圖呈現。

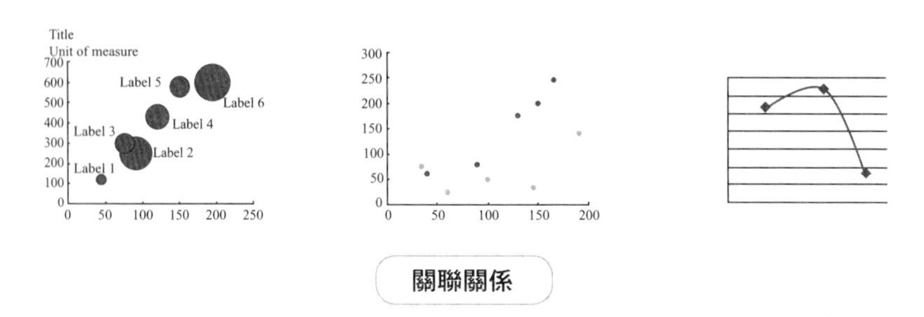

關聯關係

針對前三種模式的12種關係，大家可能會困惑：我們一直強調MECE原則，可是這12種關係中很多明顯不符合這一原則，例如：重疊、包含。豈不是自相矛盾？

芭芭拉・明托提出MECE原則的目的，不外乎為了讓人們可以更有效率地歸類分組，進而更準確地分析問題和溝通表達。我們前文總結的16種關係，則是反映資訊或事物之間客觀存在的某種關聯狀態。很多溝通情境下，首先需要向對方客觀地描述事物當前的狀態，然後發表意見和表達觀點。因此，用MECE原則處理資訊，與透過這16種關係描述事物或資訊並無衝突。

我們用圖示加上文字說明，向大家進一步介紹4種模式中的16種關係，同時展現各種關係所對應的參考圖示。總而言之，將「關係」圖示化的目的，始終是為了讓對方更容易理解。

（3）上包裝

經過前面二個步驟，我們已釐清資訊要素之間的關係，也找到合適的圖示呈現。但是，資訊量依然很大，非常不利於記憶和廣泛傳播。這時候，就該上包裝了。

所謂「上包裝」是指對資訊進行特殊加工與處理。透過這種方式，得以高度提煉和精簡原本紛繁複雜的資訊，形成更高層次的抽象概括。舉例來說，人們怎麼戴戒指是有講究的，戒指戴在不同的手指上，傳遞出不同的訊息。

戴戒指有來頭

戴食指上，表示還是單身狀態；戴在中指上，說明正熱戀中；戴在無名指上，就是結婚了；戴小指上，則表示獨身，包括喪偶、獨身主義者。

看完這段文字，你能很快記住嗎？相信多數人都需要花時間刻意記憶，才記得住。即使記住了，說不定一轉身又會忘記。怎樣才能快速記憶，想忘都忘不掉呢？以下將這段資訊處理一下：

食指	單身（清白）	清	清
中指	熱戀	熱	熱
無名指	結婚	結	解
小指	獨身	獨	毒

所以，最後我們只需要記住「清熱解毒」4個字，就能記得戴戒指的方法。相信聰明的你已經發現了其中的規律所在。我們來回顧一下這個過程：

- **第1步：**提取關鍵字，單身、熱戀、結婚、獨身。
- **第2步：**抓關鍵字，單身→清白；熱戀→熱；結婚→解；獨→毒。
- **第3步：**進一步簡化成「清、熱、解、毒」。

就這樣，原本53個字的記憶量，一下子減少到4個字。再搭配下圖，形象就更加生動。

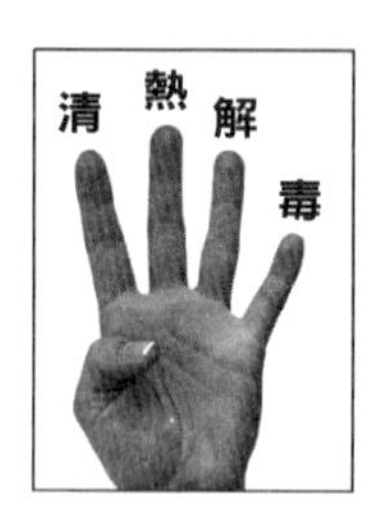

把兩種表達方式放在一起對比，你更喜歡哪一個呢？

方式 1	方式 2
戴戒指有來頭 戴食指上，表示還是單身狀態；戴在中指上，說明正熱戀中；戴在無名指上，就是結婚了；戴小指上，則表示獨身，包括喪偶、獨身主義者。	清 熱 解 毒

得出「清熱解毒」這個過程，就是我們所談的「上包裝」，可以簡單歸納成4步驟：簡化、類比、整合、引用（詳見下表）。

簡化	類比	整合	引用
拆		詞語	廣告
隔	形象	字母／數字	歌曲
刪	行為	顏色	名言
突		部位	流行語

・簡化

「簡化」主要是經由「拆解、隔離、刪除、突顯」等手段處理文字，將文本內容大幅壓縮、精簡。其過程是：一段話→一句話→一個字。如下圖例子，將「優化生產線、降低成本、開源節流」簡化為「優、降、節」。

簡化案例：因時而動　升降有方

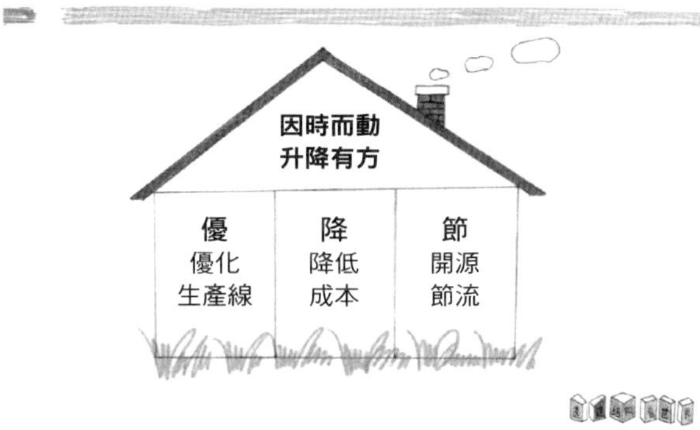

因時而動
升降有方

優	降	節
優化 生產線	降低 成本	開源 節流

・類比

將資訊的關係類比為某一事物、形象，或某種行為、動作。例如：下圖將企業比作水，員工比作船，企業和員工關係則比作水漲船高。

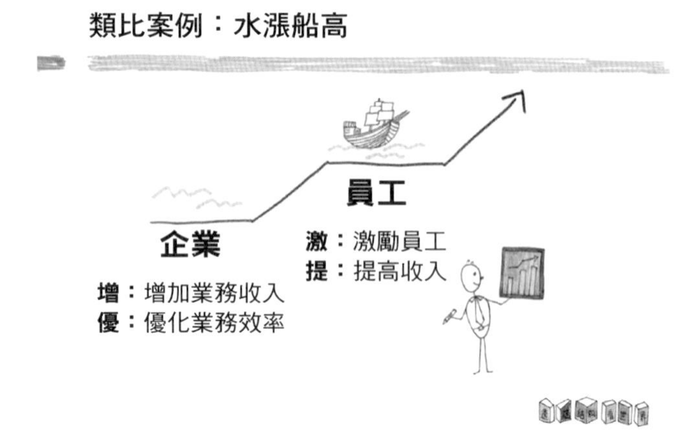

・整合

「整合」是使用詞語、字母、數字、顏色等形式，將原本零散的資訊整合在一起。日常生活和工作中常會用到這種方法，例如：出門四件事「伸手要錢」（身分證、手機、鑰匙、錢包）；ASK（心態、技能、知識）模型；交通123（1看、2慢、3通過）；六頂思考帽（藍、黃、綠、白、紅、黑）。

「整合」的先行步驟往往是「簡化」。下圖中，首先使用簡化方法中的「突」，突顯「篩、設、鎖」三個字，然後用字母整合成SSS，簡稱為3S。

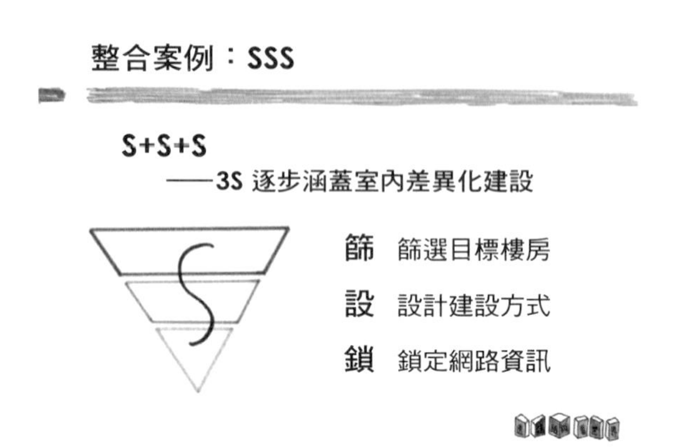

・引用

「引用」實際上涵蓋「類比」和「整合」等方法，只不過它是借用人們耳熟能詳的廣告（廣告語）、歌曲（歌名、歌詞、音符、旋律等）、名言、流行語等元素。如下圖示例，將「深化改革」4個步驟，分別連結4首歌曲的歌名，並匹配音符展示形象。

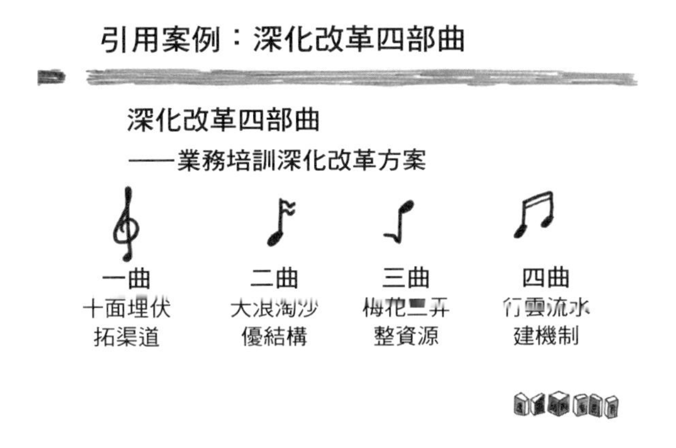

實際運用時，四種方法經常互相搭配，需要打出組合拳才能發揮最大的威力。尤其是簡化，往往會作為「上包裝」最基本的處理方法。因為單純簡化所得出的包裝一般是不成形的，還需藉由類比、整合、引用的方法，進一步使其形象化。

另外，在最終呈現時，「上包裝」環節同樣要配上相應的圖示。與前步驟「得圖示」不同的是，這裡的圖示是對應最終的視覺包裝圖形，因此會更加側重於形象化（「得圖示」環節的圖示，側重在展示資訊關係）。

「上包裝」有4類方法，本質是為了實現以簡馭繁。最終產出的形象化成果，得以花費少量的時間和精力，便能記住更多的資訊，且記得更深刻。

回頭談老王的方案，我們選擇其中一個部分進行「配得上」三步驟：

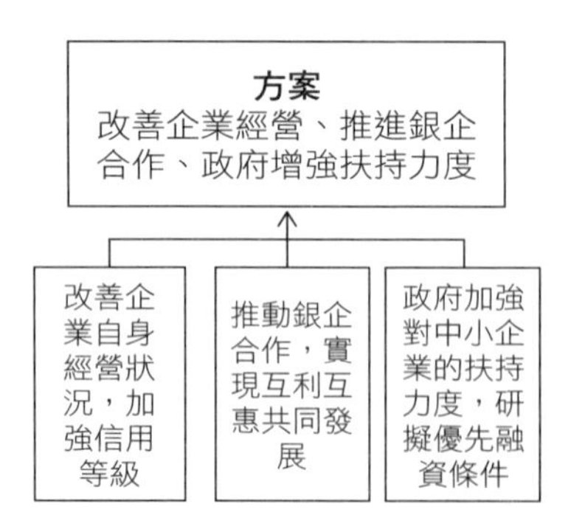

·第1步——配關係：針對企業、銀行、政府的三項措施，屬於「關係模式」下的「並列關係」。

·第2步——得圖示：三項措施其實相輔相成，最後選擇下方圖示，即三個齒輪互相連動運轉。寓意是三項措施並行，才能取得成效。

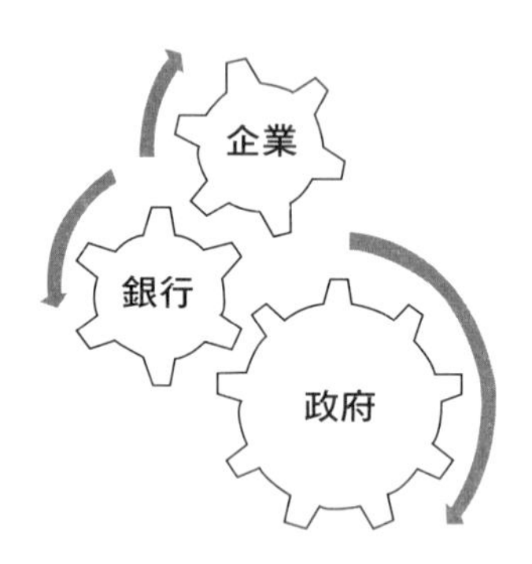

·第3步——上包裝：選取「改善、推進、加強」三個關鍵字，使用「整合」中的數字方法，即1改、2推、3加強（見下圖）。

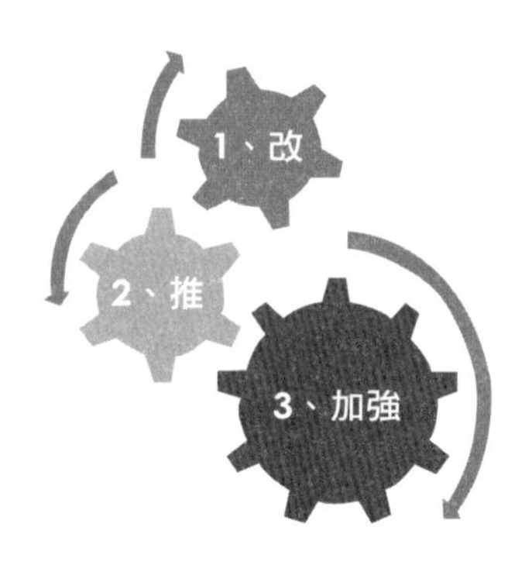

最後，為整個方案設計一個標題：

中小企業融資123——1改、2推、3加強，突破中小企業融資瓶頸

回顧「配得上」三步驟的全部過程，會發現從「配關係」到「得圖示」是一個視覺化的過程，而從「得圖示」到「上包裝」則是形象化的過程：

藉由這樣的過程，我們就能為枯燥的文字內容配上生動的圖示，提煉出形象化且易於記憶理解的包裝。不僅在方案寫作時可以用，在任何的寫作情境下都能調用。

介紹「開放式分類」時說過，它是個自行建構模型的過程，不過僅憑分類無法實現，但搭配上結構羅盤，就能輕鬆設計各類模型。結構羅盤的形成，又何嘗不是一種模型化的過程。至此，整套方案就全部完成。

這一套方法在其他大型文案的寫作上都可以使用。萬變不離其宗，無論哪種類型的寫作，都必須滿足「清晰準確、富有邏輯」的基本要求，而這正是結構化寫作專注的核心理念。

有心的讀者不難發現，方案寫作與前面的三種寫作類型，存在著千絲萬縷的聯繫。前文所提三種寫作類型的方法，好像都在方案寫作中派上用場。確實是除了方案寫作的第5步驟「形象表達做演示」外，前面4個步驟使用了涵蓋前三種寫作類型的方法和工具（詳見下表）。方案寫作這套方法，可說是融合及彙總了前三種寫作類型的所有方法和工具。

描述問題定方向	描述問題	5W2H框架
基於目標定主題	確定目標	WA方法
	設定主題	SPA原則
	設計序言	SCQA模式

續上表

縱向結構分層次	自上而下	「疑問－回答」工具、2W1H框架
	自下而上	資訊摘要法／邏輯推論法
橫向結構選順序	演繹結構	三段論：標準式／常見式
	歸納結構	三種順序、MECE原則、共性

本書在編排的邏輯上，由始至終都遵循結構思考力「先全域再細節」的原則。核心內容分為四種寫作類型，每一類寫作都包含3至5個步驟，每個步驟都配有相應的技巧、工具。

閱讀本書時，建議隨時在大腦中建立框架，帶著框架學習和思考，將會有事半功倍的效果。最終，將本書的框架內化成自己的，在工作中隨時調用，並將書中提到的工具、技巧互相搭配形成系統化的方法，實際應用於各類情境中（見下圖）。

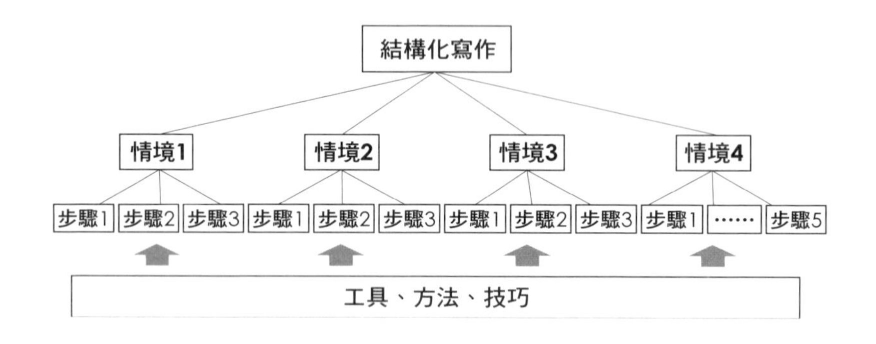

他山之石，可以借鑑！——邏輯思維工具混搭演練，見招拆招

❶第一步：描述問題定方向

問題的解決方案：擴建國稅局，解決擁堵		
5W2H	疑問	回答
What	什麼問題？	•納稅人長時間排隊等候，報稅高峰期經常出現擁堵

續上表

問題的解決方案：擴建國稅局，解決擁堵		
5W2H	疑問	回答
How	怎麼造成的？怎麼辦？	・納稅人數呈爆炸性成長，國稅局場地過於狹小，無法滿足報稅需求，有必要擴建國稅局
Why	為什麼要擴建？	・增加稅務窗口，滿足報稅需求
When	什麼時候擴建？	・盡快實施
Where	從哪裡開始著手？	・從調查開始，了解納稅人增長數量，研議窗口增設數量，委託相關部門畫出施工設計圖
Who	需要哪些人配合？	・釐清各局負責業務，由辦公室主任領頭、部門負責人配合，確立出各自職責
How much	做到什麼程度？	・增設的窗口數量能滿足現有報稅需求，使納稅人及時報稅，不用等候

▶▶▶解析

從以上案例可以看出，製表人無法準確理解「5W2H」中的問題，沒有意識到這個步驟是描述問題，而不是分析或解決問題。按照正確的5W2H框架，調整為下表：

問題的解決方案：擴建國稅局，解決擁堵		
5W2H	疑問	回答
What	什麼事物出現問題？	・國稅局
How	問題如何發生？	・納稅人數呈爆炸性成長，到國稅局辦事的人變多，稅務人員忙不過來，高峰時段經常出現擁堵。
Why	為什麼會視為一個問題？	・稅務人員的工作強度過大，降低了處理稅務的效率，浪費納稅人的時間，令納稅人對國稅局產生不滿情緒。
When	何時發生的問題？曾發生過嗎？問題持續多久？	・問題3個月前就發生了，且一直持續到現在。之前沒有發生過。
Where	問題發生在哪裡？	・國稅局
Who	誰和問題有關？	・各局主管、辦公室主任、部門負責人
How much	問題發生的程度？	・排隊等候時間長達3小時，尤其報稅高峰時段經常出現擁堵。

修改前，問題還未描述清楚，就急於分析、提出解決方案，導致思考方向產生偏差。我們接著繼續討論本案例待解決的問題。

❷第二步：基於目標定主題

目標	・希望局處主管看完建議後，同意擴建國稅局，滿足納稅人報稅需求。
標題	・報稅不用再等候——擴建後的國稅局實現納稅人即時辦理。
序言	・Ⓢ創業人數增多，我區域國稅部門管轄的納稅人呈爆炸性成長。Ⓒ目前的國稅局場地狹小、窗口少，經常擁堵。納稅人長時間排隊，影響報稅效率。Ⓠ如何有效解決這個問題呢？Ⓐ有必要擴建國稅局、增設窗口數量、補足稅務人員，以滿足納稅人報稅需求。

▶▶▶解析

看完序言後，終於知道問題的來龍去脈、前因後果，我們整理一段新的序言重新梳理一下：

Ⓢ受國家政策影響，出現越來越多創業者，甚至呈現爆炸性成長。隨之而來的是，前往國稅局辦理稅務的納稅人越來越多。Ⓒ然而，國稅局的稅務窗口和稅務人員並未增加，造成報稅業務不能快速而及時地處理。遇上高峰時段，就會出現大排長龍的情況。國稅局場地狹小，所以經常顯得擁擠、難以出入。Ⓠ如何才能減少納稅人的排隊時間，改善出入問題呢？Ⓐ擴建國稅局、增設稅務窗口、配備充足的稅務人員，是可考慮的解決辦法。

也就是說，首要而核心的問題不是國稅局是否要擴建，而是如何提高窗口辦理稅務的速度及效率。問題的根本原因不在於國稅局場地太小，而是來辦稅務的納稅人變多，但提供服務的稅務人員、窗口數量沒變，造成高峰時段大排長龍的問題，才顯得國稅局狹小又擁擠。

因此，如果不能清晰準確地描述問題，後面的環節都可能沿著錯誤的方向思考，整個過程將漏洞百出，導致寫出來的方案既不嚴謹又缺乏說服力。

❸第三步：縱向結構分層次

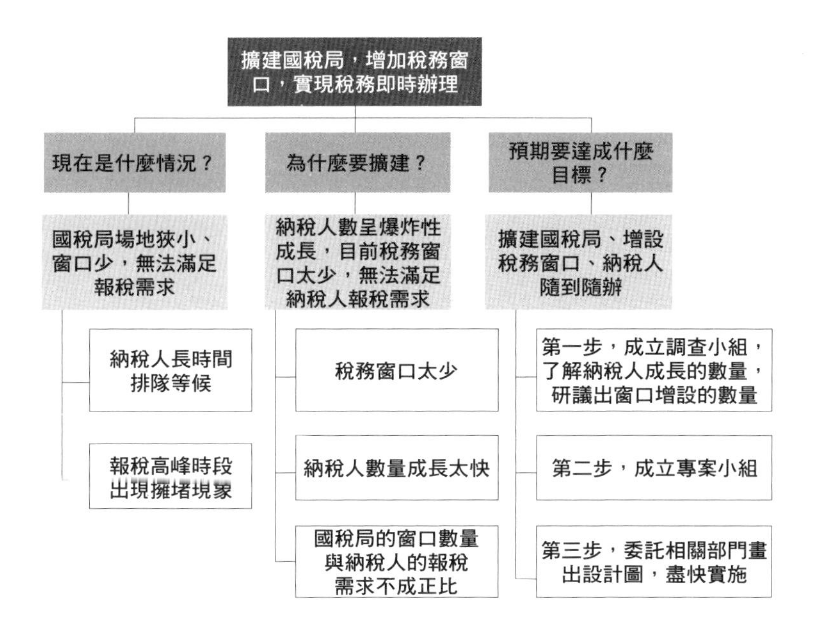

▶▶▶解析

我們仍按照著原有的思路繼續。這個環節調用「疑問－回答」工具，透過三個問題「自上而下」建立結構（見上圖）。此案例存在的問題有下列3點：

（1）問題過於簡單、籠統：第一個問題「現在是什麼情況？」問得太過隨意。若對方這樣問你，你能理解他想問什麼嗎？「情況」是指現象還是問題？所以本案例沒有真正做到換位思考，僅從自身掌握的資訊設想問題。

（2）沒有認真回答問題：第三個問題是「預期要達成什麼目標？」僅簡單回答「擴建國稅局、增設稅務窗口、納稅人隨到隨辦」，再往下一層卻變成「擴建國稅局的三步驟」。根據前面的序言，目標應該是「擴建國稅局、增設稅務窗口、配備充足的稅務人員」。

（3）問題太少，缺乏換位思考：我們談到「疑問－回答」工具時，始終強調換位思考的重要性，不是為問而問，更不是從已掌握的資訊反向推導，而是盡可能從對方的立場、視角，設想對方可能提出的問題。

例如，針對目前已知內容會想到下列問題：

・「國稅局」與「稅務窗口」是何種關聯？如果需要增設窗口，是否一定建立在擴建國稅局的基礎之上？

・如果增設窗口即可解決排長隊的問題，是否還有必要擴建國稅局？

・非高峰時段也大排長龍又擁擠？設臨時窗口可否解決高峰時段的問題？

・是否可以簡化辦理稅務的流程？

・稅務人員的能力如何？能透過培訓進一步提升效率嗎？

結合具體情況，還能問出更多問題。在「疑問－回答」步驟中，提問比回答更重要。只有問到重點上，你的回答才有意義，而這個重點就是對方的關注點、利益點、興趣點。當然，要找出這個重點並不容易，能採取的有效措施之一就是盡可能多設想問題，不斷自問「如果我是他，還會提出哪些問題？」

❹第四步：橫向結構選順序

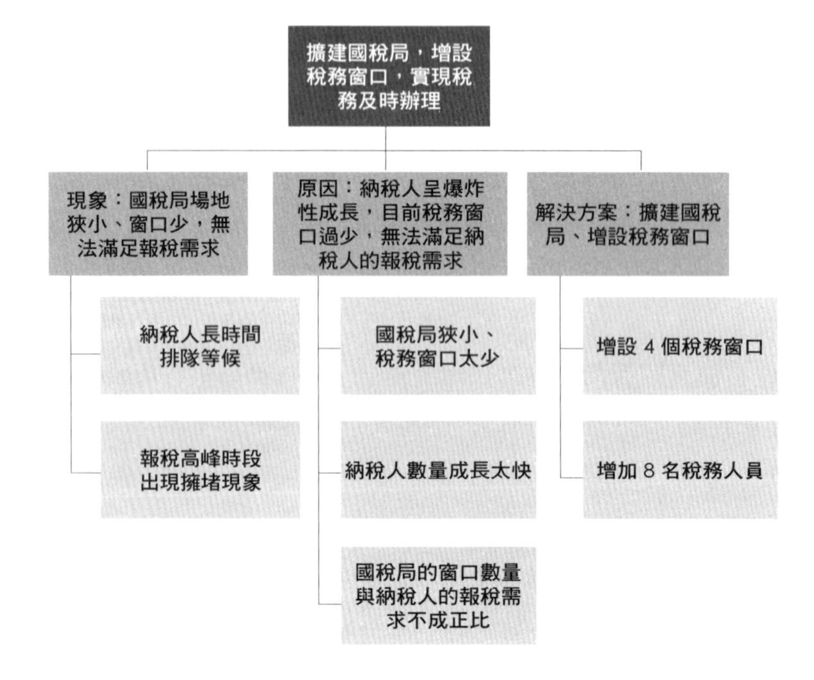

這裡採用的是「現象－原因－解決方案」的演繹推理。在「現象」中直接提及原因，真正的現象描述反而出現在下一層：「納稅人長時間排隊等候」、「報稅高峰時段出現擁堵現象」。實際要做的是，對上述這二項進行歸納概括，概括的形式則借助邏輯推論法，因為它們全都導致一個共同的結果，也就是「納稅人難以迅速完成報稅」。現象中描述的「無法滿足報稅需求」這個概念太大了，因為納稅人的報稅需求肯定不只速度一項。

此外，「原因」也顯得雜亂，先往下一層看細分項，「國稅局狹小、稅務窗口太少」顯然不能放一起，各會導致不同的結果。「納稅人數量成長太快」並非問題癥結（也無法改變），稅務窗口沒有隨需應變才是問題。「國稅局的窗口數量與納稅人的報稅需求不成正比」這一條，反而可作為前二者的概括，且可進一步概括出「國稅局窗口產能不足」的問題。

「解決方案」部分提出明確的預期目標，不過細分項的內容卻只列出「稅務窗口」和「稅務人員」的解決辦法，完全沒提到「國稅局擴建」的事。

綜合以上分析，我們可以將結構調整如下：

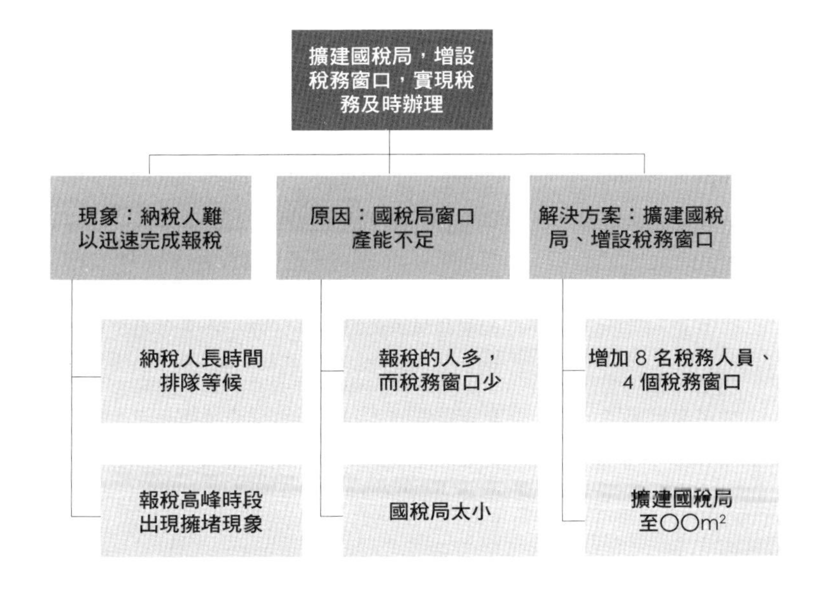

請參照前文案例的分析過程，結合自身對相關方法的理解，從個人的角度分析以下案例。

◎案例分析練習：學會「挑毛病」

(1) 第一步：描述問題定方向

問題的解決方案：組建中高層團隊		
5W2H	疑問	回答
What	什麼問題？	・新業務轉型需要有團隊在研發、市場、專案管理上著力，但目前各層級的管理者能力負擔不了此重任
How	怎麼發生的？怎麼辦？	・現有管理團隊老年化，內部培育體系尚未開始，青黃不接的現象嚴重。啟動組建中高層團隊的計畫
Why	為什麼要啟動組建中高層團隊的計畫？	・提升中高層管理者的管理能力，以適應新業務轉型期間的組織發展需要
When	什麼時候開始進行？	・建議越快越好
Where	從哪裡開始著手？	・從達成團隊戰略規劃的共識開始
Who	需要哪些人配合？	・需要總經理和集團大力支持
How much	做到什麼程度？	・讓中高層管理者的管理能力匹配組織的發展需求，以期在挑戰性任務中取得符合預期的成績，顯著提升團隊業績

(2) 第二步：基於目標定主題

目標	・希望總經理看完我的建議後，同意組建中高層團隊，提升中高層管理者的管理能力
標題	・展開組建中高層團隊的計畫，提升組織業績
序言	・Ⓢ近一年來，公司從大批量標準產品，轉型為小批量多品種特色產品。Ⓒ然而，公司業績增長卻非常緩慢。Ⓠ為何會出現這種現象？Ⓐ根本原因在於中高層管理者的管理能力，不能適應新業務轉型期的組織發展需求。因此，必須組建中高層團隊，讓中高層管理者的能力匹配組織的發展需求，提升組織業績。

（3）第三步：縱向結構分層次

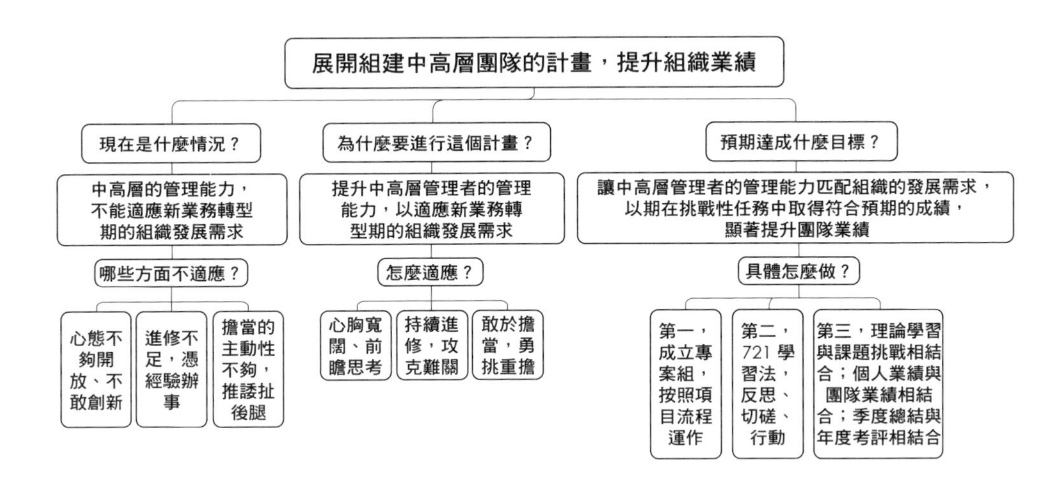

（4）第四步：橫向結構選順序

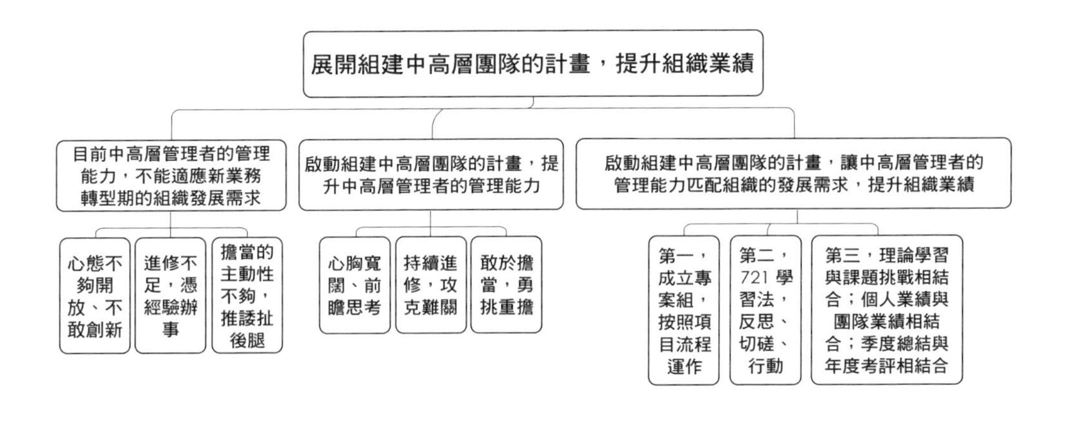

If 麥肯錫式的自問自答練習

- **問題1**：實際寫作時，是否存在困惑？請列出您的困惑。
- **問題2**：回憶「4.有力彙報方案」的核心內容，請用自己的理解陳述。
- **問題3**：看完本小節的內容，您有什麼感受？
- **問題4**：對於我們的觀點，您認同、不認同哪些？怎麼修正會更好？

・**問題5**：實際工作中，您如何處理類似情境所遇到的問題？

・**問題6**：本小節的方法，如何應用到您的實際工作（或學習）中？

★Task 報告寫不出來，連要「報告」都沒門

・**任務1**：請針對「4.有力彙報方案」中的主要內容及核心知識點，畫出金字塔結構圖（或思維結構圖）。

・**任務2**：請採用本章的方法寫出一份完整的方案。（若您的工作內容不涉及方案寫作，也可以練習其他類型的寫作，只要資訊量足夠支撐出完整體現「論證類比」特點的金字塔結構即可。）

重點整理

1. 清晰傳遞資訊

- **步驟1——設計標題：**設計一個吸引讀者眼球的標題。
  步驟2——撰寫序言：寫一段讓讀者願意看下去的精彩開頭。
  步驟3——建構內容：快速組織起你的敘事脈絡。
- 在職場上，任何一份文字檔案，都是搶奪注意力的有效途徑。
- 在著重「故事銷售」的環境下，人人都必須學會講故事、塑造情境，來獲得客戶青睞、受老闆賞識、說服投資人投資⋯⋯。
- 標題必須是明確的結論，讓人立刻明白你的觀點與立場，即所謂「結論先行」。
- 想引起對方的興趣及注意力，得找出對方的「利益點」。
- 在報告中，提出疑問是為了引導閱讀者思考的方向。

2. 準確總結工作

- **步驟1——成果分類：**發掘能夠加分的關鍵工作成果，並且加以分類。
  步驟2——排序整理：讓工作總結清晰、一目了然。
  步驟3——概括總結：將工作業績寫出高度，這會決定工作總結的優劣。
- 「工作總結」是對一段時間內所做的事，以及所取得的成果，進行梳理、提煉、歸納、分析、評估，最終呈現出來，甚至作為績效考核的依據，所以工作總結＝總結工作成果。
- 績效實際上就是「行為結果＋成就結果」。行為是過程指標，成就則是結果指標。

- **MECE原則：**資訊不能重疊、不可遺漏（但不能超越上一層的範疇）。
- 應用三種（時間、結構、重要）順序時，金字塔結構上每個分支裡的相同層級，只能選擇其中一種順序排列。例如：第一層是時間順序，第二層為結構順序，但不能在第一層同時使用時間與結構順序。
- 概括是發現科學的重要方法，有助於抽取重點、尋找共性、化繁為簡，而最終目標是要經由概括形成結論。
- 概括的問題核心，通常反映於下層資訊梳理不準確。
- 一份好的PPT，首先得形成清晰明確的point（重點），接著是優化，讓你的point更具有power（力量）。
- **資訊摘要法：**抽取出共同的特徵，將多個具體資訊整理成一個抽象結論。
- **邏輯推論法：**資訊之間的關聯將導向共同的結果／目的，由多個前提推導出一個明確的結論。

3. 充分說服他人

- **步驟1——明確觀點：**說服他人的前提是有一個鮮明的觀點。
  步驟2——疑問回答：用充分的依據回答對方心中的疑問。
  步驟3——邏輯歸整：用邏輯推理使說服更有力量。
- 寫作之前，先自問：內容寫給誰看？希望這個人讀完後有什麼行動？
- 讀者意識是一種換位思考，而形成觀點的過程也是在思考對方關心的問題。

- 運用「疑問－回答」工具時，只要能想得到對方可能提出的問題，就能不斷擴增問題。「橫向」延伸的回答越廣泛，「縱向」的提問就會越有深度，整體內容的說服力也就越強。
- 「推理」是從前提到結論的邏輯關係必須合理、有效；「論證」則是先有結論，再找出論據，並由論據推論其為真實成立。
- **「邏輯」在生活、工作中有三點作用：**①正確運用概念；②做出正確判斷；③有效的推理論證。
- **「論證」的2種常見誤區：**

  ①過於武斷。雖然有結論，但缺少有說服力的論據和充分的論證過程。

  ②無視邏輯規則。只看到片面資訊，便隨意聯想得出自以為是的結論。
- **演繹推理：**透過普遍性的規律來認知特殊的個體。
- **三段論式的演繹推理**

  ①**標準式：**「大前提→小前提→結論」，而這個結論是根據大、小前提推導而出。

  ②**常見式：**「現象→原因→解決方案」。

  三段論中的頂層結論是根據推理過程概括而出。

  三段論成立的必要條件：前提真實、推理形式有效。
- **歸納推理**：針對「資訊的共性」進行概括，是從個別事物推導出一般性結論的過程。因資訊之間屬於並列關係，必須符合MECE原則。

- **演繹推理、歸納推理的共同框架：**搜集資訊、尋找共性、形成概念。

4. 有力彙報方案

- **方案寫作5步驟**

  ①**描述問題定方向：**挖掘需求，鎖定寫作方向；

  ②**基於目標定主題：**以終為始，緊盯方案目標；

  ③**縱向結構分層次：**縱向梳理，形成初步框架；

  ④**橫向結構選順序：**梳理邏輯，釐清表達思路；

  ⑤**形象表達做演示：**圖文並茂更能打動人心。

- **所謂「方案」：**①工作進行的具體計畫；②針對某一問題所制訂的計畫。本書所談的方案側重於「解決問題」，向他人展示自己分析問題的過程，以及提出相應的解決辦法。
- 三層次模型：①**理解**，察覺自己與他人的思考結構，並加以評估；②**重構**，重構原來的思考結構，並優化完善；③**呈現**，使優化後的思考結構形象化。
- 美國哲學家、教育家約翰・杜威說過：「把問題說清楚，就等於解決了一半。」
- **「自上而下」3步驟搭建框架：**①設定主題；②針對主題「換位思考」對方可能提出的問題；③回答這些問題。
- **「自下而上」3步驟搭建框架：**①羅列資訊；②尋找共性，分類資訊；③概括資訊，得出理論。
- **形象表達3步驟**

①**配關係：**運用4大模型中的16種關係，釐清資訊要素間的關係為何。

②**得圖示：**選擇相應圖示，目的是準確恰當地展示資訊之間的關係。

③**上包裝：**透過簡化、類比、整合、引用這4種方法，將資訊處理得更加精煉、簡潔、容易記憶，並彙整出最終形象的圖形。

後記 跳出結構看結構，突破思考框架必學成功方程式！

思維是個很大的話題，無論哪種思維邏輯，都不可避免存在一定的侷限。人類不可能僅憑某一種思維邏輯就解決所有問題，我們能做的是盡可能多運用各種不同的思維模式，以多樣化的視角看待事物，避免管中窺豹的狹隘。因此，我們試著跳出「結構」的思維框架，透過其他視角觀察、支撐起我們寫作的「金字塔結構」。

系統的視角

唐內拉・梅多斯（Donella H. Meadows）提出系統思考（Thinking in Systems），也就是透過系統的眼光看世界。任何由相互關聯的要素組成的集合，都可稱為「系統」。系統由三個部分構成：要素、連接、功能（或目標）。

構成系統的要素不一定非得是有形之物，也可以是碰觸不著的無形之物，例如：如果將結構化寫作視為一個系統，那麼它的核心要素就是一個個工具，這些工具透過某種連接形成各種方法。結構化寫作的系統，旨在幫助人們將原本凌亂無序的資訊進一步加工處理，形成一篇讓人願意看、看得懂、記得住的文章。

那麼，金字塔結構又是怎麼樣的系統呢？

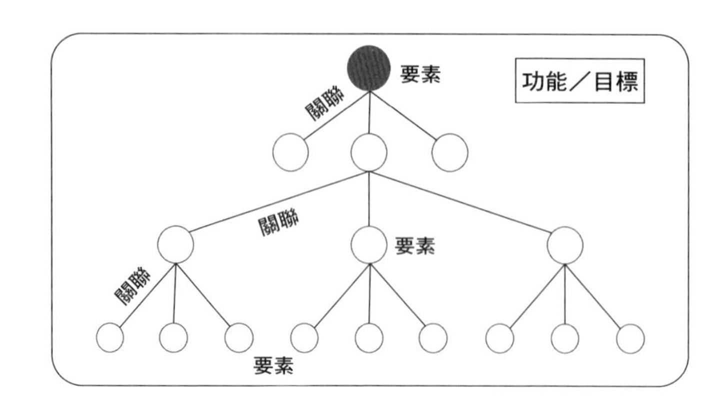

從上圖可以清晰地看出金字塔系統的構成。將唐內拉・梅多斯的系統思考理論套用在本圖例上，「要素」就是一個個資訊，包括：數據、結論、事實、根據等。「連接」則是各個資訊之間的聯繫，這些聯繫的形式是「論證推理」，其核心則是「論證類比」。「功能」不言而喻，就是幫助人們思考清晰、表達有力。各個資訊組實際上就是一個個的小金字塔系統，這些小金字塔系統透過某種聯繫，組成最終的大金字塔系統。系統並非孤立存在，一個大的系統中，可以包含很多小的子系統，而這個大系統又可能與其他的系統共同構成更大的系統，而成為這個更大系統當中的子系統。

唐內拉・梅多斯對系統思考提出一個非常重要的概念：從關注要素到透視遊戲規則。當要素是無形的事物，或者系統非常龐大時，要羅列出系統中每一個要素進行分析、研究，幾乎是不可能的，而且這樣也很容易迷失在系統的細節裡而看不清全貌。

為了避免迷失在細節裡，我們需要將重心從關注單個要素，轉移到探尋各要素之間的關聯。一旦我們摸清要素的連接關係，就能了解系統是如何運作的，系統思考有助於我們從本質上看清事物、分析問題。

回到結構化寫作，大家回想一下，在建立金字塔結構的過程中，我們將更多的精力放在發現和梳理各資訊的關聯上，包括「配得上」三步驟所進行的形象化，同樣旨在向他人呈現重點資訊之間的聯繫。

結構化寫作建立在結構思考力的基礎上，強調「先框架再細節」、「先整體再具體」的思考順序。因此，從系統思考的角度看，結構化寫作是強調整體性、以簡馭繁、不斷思考才能完成的寫作方法。

邏輯的視角

「邏輯思維」包括概念、命題、推理等三個要素。概念是邏輯思維的分子，命題則是基石，而推理就是基石之間的黏著劑，三個要素共同構築起人類的「邏輯思維」大廈。概念可說是最小的思維單位，用來反映各種各樣的事物。沒有概念就無法描述這個世界，但光有概念還不夠，需要將各種概念集合起來，形成一個觀點或判斷，從而得出命題。有了命題才能進行邏輯推理，構成完整的邏輯思維。

邏輯思維有其他思維方式難以企及的特殊作用，包括：①正確運用概念；②做出正確判斷；③有效地推理論證。當然，前提是你能嚴格地遵循邏輯思維的原則和要求。總而言之，邏輯思維是一種強調客觀理性、嚴謹合理、清晰準確的思維方式。從邏輯的角度看金字塔結構又是什麼樣子呢？

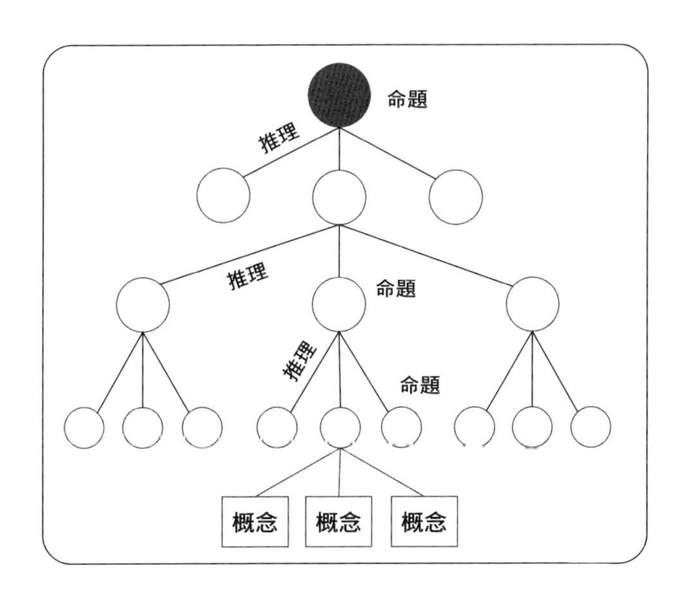

各種概念經過組合，在金字塔結構中形成最底層的命題（數據、事實、根據），而這些命題透過推理的方式，往上一層得出新的命題，新的命題再與其他命題一起推理出更高一層的命題。就這樣，從最小單位的概念到最終的命題，一層層地建構起邏輯思維的大廈，套用到寫作上也就是一篇文章的框架。

結構化寫作中，「演繹」和「歸納」這兩種推理形式佔據非常重要的位置。前面說過，推理是黏著劑，其目的就是保證各命題之間嚴絲合縫、環環相扣。推理越合理、準確，它的黏性也就越強，使整體內容的論證能強而有力。

「論證類比」四個基本原則，表面上是針對表達提出的要求，但它的本質其實是邏輯思維的辯證過程。因此，從邏輯思維的角度來看，結構化寫作是一種周全嚴謹、條理清晰、準確合理的寫作方法。

批判的視角

A、B老師都講授《灰姑娘》的故事。先看A老師的教學方法：

- 你們喜歡故事裡的誰？不喜歡誰？為什麼？
- 如果午夜12點，仙杜瑞拉沒來得及跳上她的南瓜馬車，會是什麼情況？
- 如果你是仙杜瑞拉的繼母，是否會阻止她參加王子的舞會？要誠實喲！
- 仙杜瑞拉的繼母不讓她參加王子的舞會，甚至把門鎖起來，她為什麼能去，而且還成為舞會上最受注目的女孩？
- 如果仙杜瑞拉因為繼母不讓她參加舞會就放棄，她還可能成為王子的新娘嗎？

再看B老師的教學方式：

- 今天，我們講《灰姑娘》的故事。大家預習了嗎？
- 《灰姑娘》是格林童話或是安徒生童話？作者是誰？他的生平事蹟？

- 這故事的重大意義是什麼？
- 誰先分個段，並說明這麼分段的理由。
- 這句話是譬喻句，明喻或暗喻？作者為什麼這麼寫？
- 如果這個詞換成另一個詞，為什麼仍不如作者寫得好？

稍加比對就會發現，A、B老師的教學方法明顯不同。

（1）A老師提出的多為開放式問題，沒有對錯的引導；B老師則多是提出封閉式問題，並且進行方向上的刻意引導。

（2）A老師的提問超越故事本身；B老師停留在文章的層面。

（3）A老師引導學生思考人物之間的關係，以及對故事產生的影響；B老師則教導作者生平、遣詞造句等。

我們可以大膽推測：A老師教出來的學生，會擁有很強的獨立思考能力，不盲從權威、思維發散、視野開闊，也更有創造力；B老師教出來的學生缺乏獨立思考能力，更容易受權威和專家的影響，思維狹隘，創新力不足。

為何拋出這樣的例子呢？這與我們接下來要談的內容密切相關。B老師這種死記的填鴨式教學，最大弊病是學生嚴重缺乏批判性思維的訓練。

「批判性思考」的說法，雖然源自西方，但其中蘊涵的理念和思想在《禮記・中庸》裡就得以窺見。

> 博學之，審問之，慎思之，明辨之，篤行之。有弗學，學之弗能弗措也；有弗問，問之弗知弗措也；有弗思，思之弗得弗措也；有弗辨，辨之弗明弗措也；有弗行，行之弗篤弗措也。人一能之，己百之，人十能之，己千之。果能此道矣，雖愚必明，雖柔必強。
>
> ——語出《禮記・中庸》

雖然說的是治學之道，但其中的「審問之，慎思之，明辨之」已經隱約涉及批判性思考的範疇。

批判性思考包括三個維度的認知能力：分析、評估、創造力，而「分析」和「評估」的核心正是論證。批判性思考圍繞論證展開的思辨過程，則類似於結構思考力的「三層次模型（理解－重構－呈現）」。首先辨認論證，就是發現自己或他人的表述中隱含的論證及論證結構，接著進一步提取重構，重新調整原本不符合「前提→結論」標準順序的表述，並探尋是否存在問題，最後清楚地描述問題並分析、解釋。

從批判性思考的視角來看金字塔結構，與前文「邏輯的視角」有些類似：

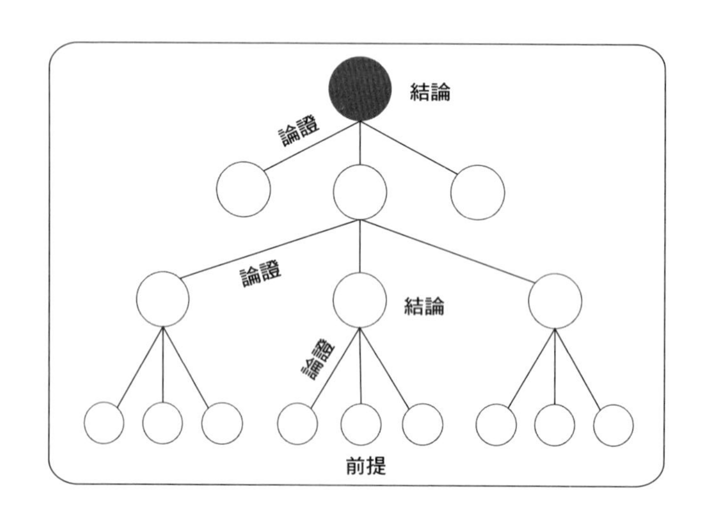

一個大金字塔結構，是由眾多「前提→結論」的論證組合而成。結論是相對的概念，下層論證中的結論會成為上層論證中的前提，所以必須保證每一個「前提→結論」都是好論證，如此金字塔結構才能成立。那麼何謂「好論證」呢？至少得滿足2個條件：①前提真實可靠；②前提推導到結論的過程是合理且有效。

實際寫作中，並非通篇都是論證，但若某個部分涉及論證，同樣必須重視。時刻審視自己的論證結構是否存在問題：前提是否為真？推理是否有效？有了好論證支撐，文章就會非常嚴謹。因此，從批判性思考的角度來看，「結構化寫作」是一種追求真實和理性、避免謬誤、排除偏見的寫作方法。

我們跳出結構的框架，從三個不同的思維視角重新審視金字塔結構，目的就是為了讓大家理解金字塔結構的本質，從而更深入了解結構化寫作的各個方法和工具，是基於什麼考量而設計的。如此一來，才能幫助你在寫作上取得最大效益的收穫。

附錄

本書工具整理

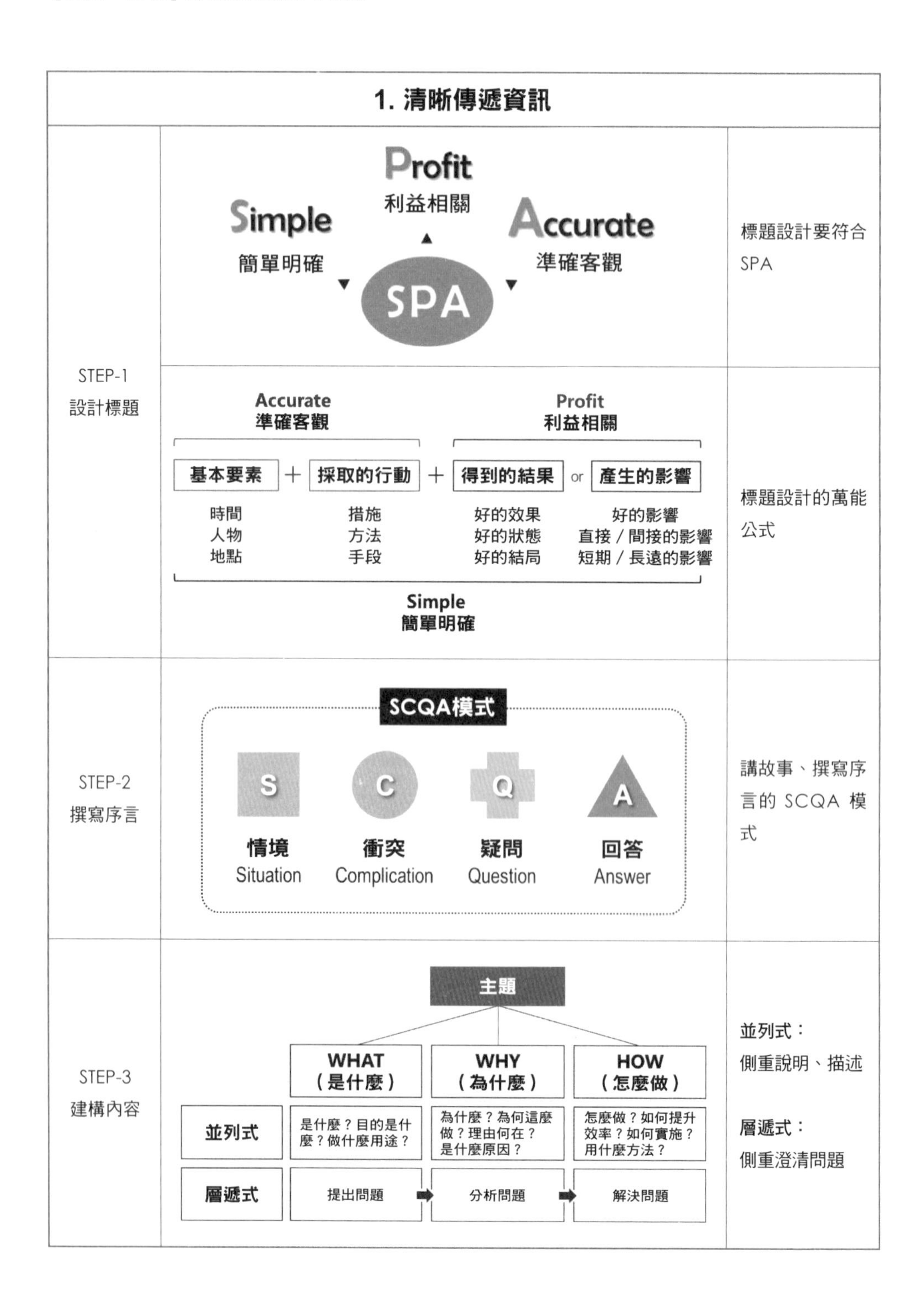
1. 清晰傳遞資訊
STEP-1
設計標題
Profit
利益相關
Simple
簡單明確
Accurate
準確客觀
SPA
標題設計要符合 SPA
Accurate
準確客觀
Profit
利益相關
基本要素
採取的行動
得到的結果
or
產生的影響
時間
人物
地點
措施
方法
手段
好的效果
好的狀態
好的結局
好的影響
直接／間接的影響
短期／長遠的影響
Simple
簡單明確
標題設計的萬能公式
STEP-2
撰寫序言
SCQA模式
S
C
Q
A
情境
Situation
衝突
Complication
疑問
Question
回答
Answer
講故事、撰寫序言的 SCQA 模式
STEP-3
建構內容
主題
WHAT
（是什麼）
WHY
（為什麼）
HOW
（怎麼做）
並列式
是什麼？目的是什麼？做什麼用途？
為什麼？為何這麼做？理由何在？是什麼原因？
怎麼做？如何提升效率？如何實施？用什麼方法？
層遞式
提出問題
分析問題
解決問題
並列式：
側重說明、描述
層遞式：
側重澄清問題

<table>
<tr><th colspan="3">2. 準確總結工作</th></tr>
<tr><td rowspan="2">STEP-1
成果分類</td><td><table><tr><th>行動</th><th>成果／目的</th></tr><tr><td></td><td></td></tr><tr><td></td><td></td></tr><tr><td></td><td></td></tr></table></td><td>「行動－成果」表，提煉出工作成果</td></tr>
<tr><td>開放式分類／封閉式分類</td><td>對成果分類，使資訊更清晰</td></tr>
<tr><td>STEP-2
排序整理</td><td> 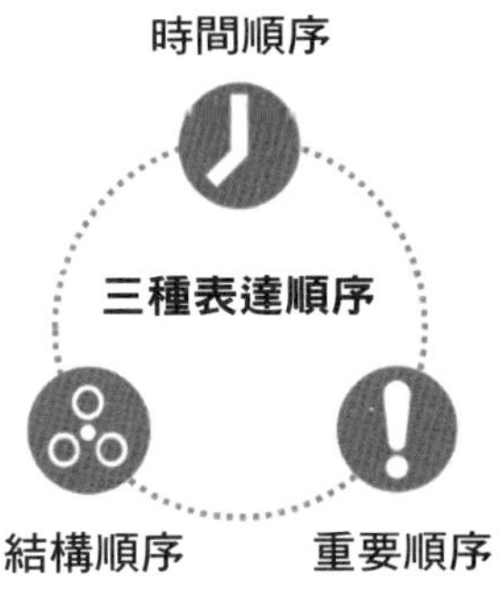時間順序
三種表達順序
結構順序
重要順序</td><td>三種表達順序聚焦出工作成果的核心</td></tr>
<tr><td>STEP-3
概括總結</td><td> 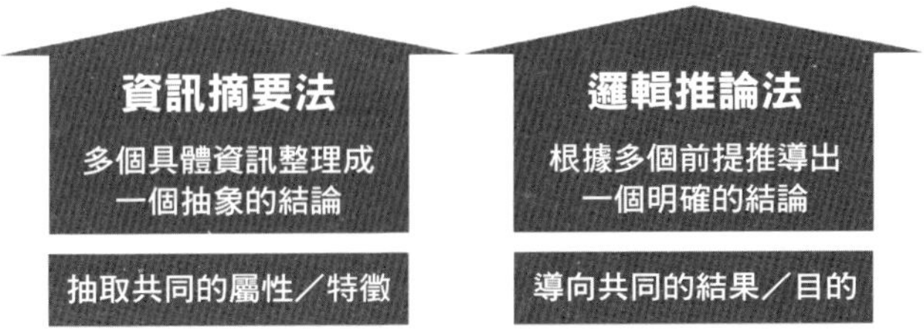資訊摘要法
多個具體資訊整理成一個抽象的結論
抽取共同的屬性／特徵

邏輯推論法
根據多個前提推導出一個明確的結論
導向共同的結果／目的</td><td>抽取共同本質、導向共同結果，兩種方式概括出結論</td></tr>
</table>

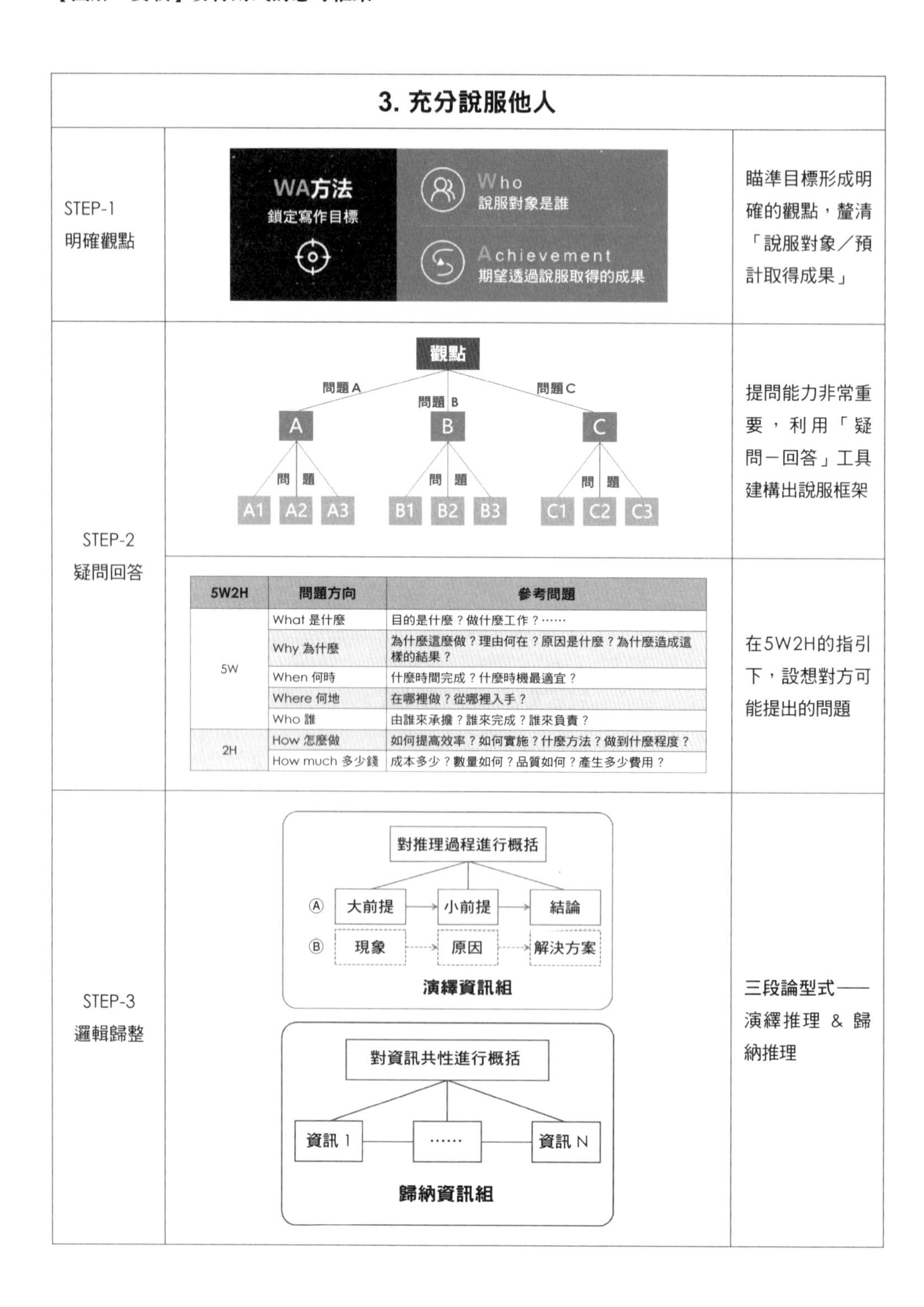

3. 充分說服他人

步驟	圖示	說明
STEP-1 明確觀點	WA方法	瞄準目標形成明確的觀點，釐清「說服對象／預計取得成果」
STEP-2 疑問回答	觀點／問題	提問能力非常重要，利用「疑問－回答」工具建構出說服框架
	5W2H	在5W2H的指引下，設想對方可能提出的問題
STEP-3 邏輯歸整	演繹資訊組／歸納資訊組	三段論型式——演繹推理 & 歸納推理

5W2H	問題方向	參考問題
5W	What 是什麼	目的是什麼？做什麼工作？……
	Why 為什麼	為什麼這麼做？理由何在？原因是什麼？為什麼造成這樣的結果？
	When 何時	什麼時間完成？什麼時機最適宜？
	Where 何地	在哪裡做？從哪裡入手？
	Who 誰	由誰來承擔？誰來完成？誰來負責？
2H	How 怎麼做	如何提高效率？如何實施？什麼方法？做到什麼程度？
	How much 多少錢	成本多少？數量如何？品質如何？產生多少費用？

<table>
<tr><th colspan="3">4. 有力彙報方案</th></tr>
<tr><td>STEP-1
描述問題
定方向</td><td>
<table>
<tr><th>5W2H</th><th>問題方向</th><th>參考問題</th></tr>
<tr><td rowspan="5">5W</td><td>What 是什麼</td><td>目的是什麼？做什麼工作？……</td></tr>
<tr><td>Why 為什麼</td><td>為什麼這麼做？理由何在？原因是什麼？為什麼造成這樣的結果？</td></tr>
<tr><td>When 何時</td><td>什麼時間完成？什麼時機最適宜？</td></tr>
<tr><td>Where 何地</td><td>在哪裡做？從哪裡入手？</td></tr>
<tr><td>Who 誰</td><td>由誰來承擔？誰來完成？誰來負責？</td></tr>
<tr><td rowspan="2">2H</td><td>How 怎麼做</td><td>如何提高效率？如何實施？什麼方法？做到什麼程度？</td></tr>
<tr><td>How much 多少錢</td><td>成本多少？數量如何？品質如何？產生多少費用？</td></tr>
</table>
</td><td>在5W2H的指引下，設想對方可能提出的問題</td></tr>
<tr><td rowspan="3">STEP-2
基於目標
定主題</td><td>WA方法
鎖定寫作目標
Who
說服對象是誰
Achievement
期望透過說服取得的成果</td><td>瞄準目標形成明確的觀點，釐清「說服對象／預計取得成果」</td></tr>
<tr><td>Profit
利益相關
Simple
簡單明確
Accurate
準確客觀
SPA</td><td>標題設計要符合SPA</td></tr>
<tr><td>SCQA模式
S 情境 Situation
C 衝突 Complication
Q 疑問 Question
A 回答 Answer</td><td>講故事、撰寫序言的 SCQA 模式</td></tr>
</table>

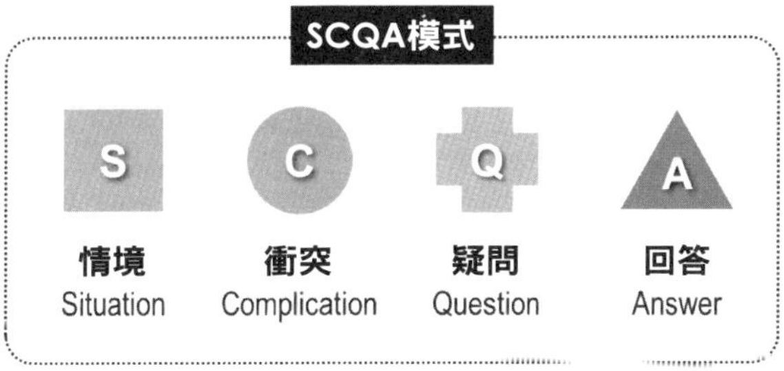

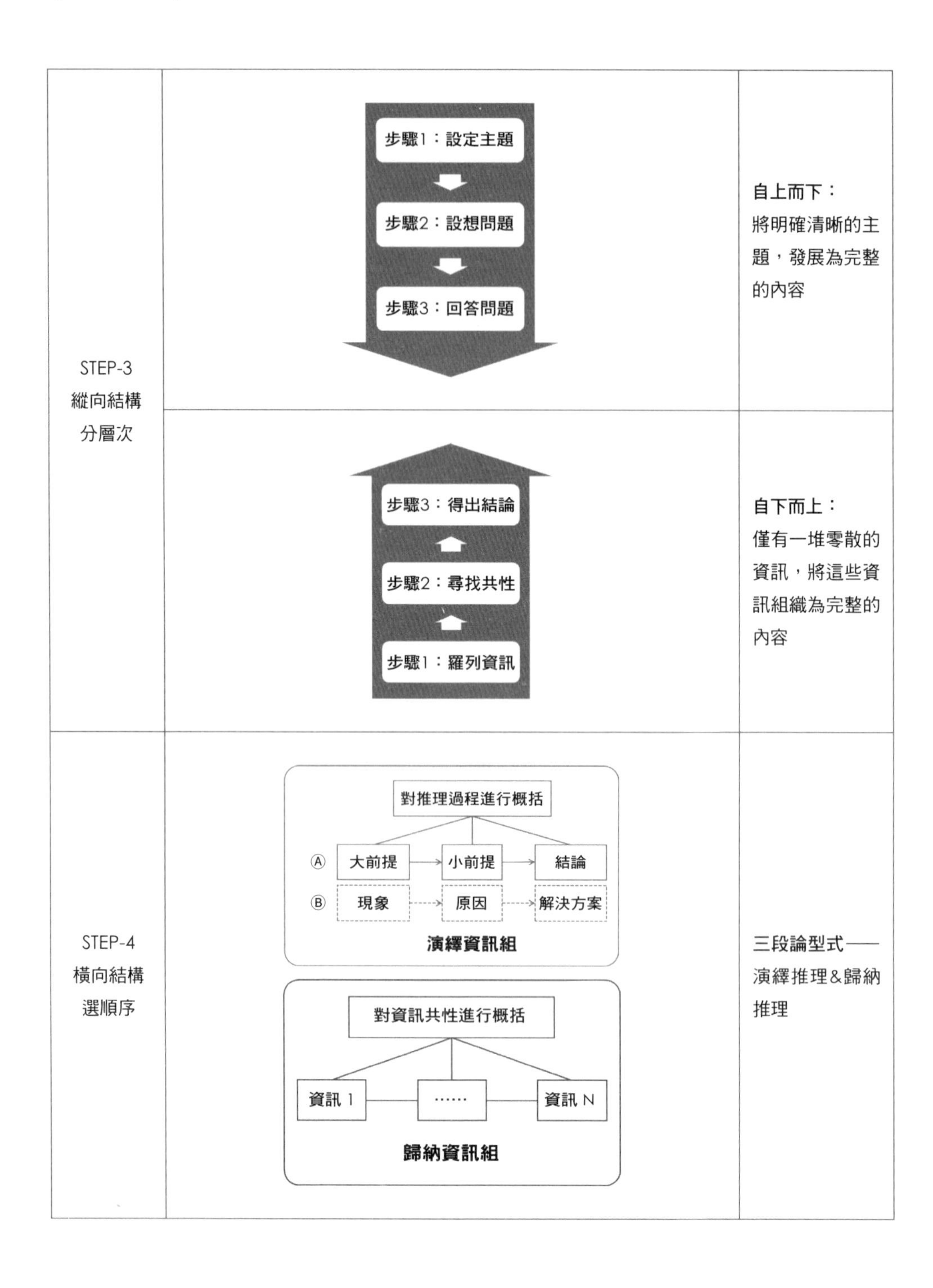

STEP-3 縱向結構 分層次	步驟1：設定主題 步驟2：設想問題 步驟3：回答問題	自上而下： 將明確清晰的主題，發展為完整的內容
	步驟3：得出結論 步驟2：尋找共性 步驟1：羅列資訊	自下而上： 僅有一堆零散的資訊，將這些資訊組織為完整的內容
STEP-4 橫向結構 選順序	對推理過程進行概括 Ⓐ 大前提 → 小前提 → 結論 Ⓑ 現象 → 原因 → 解決方案 演繹資訊組 對資訊共性進行概括 資訊 1 …… 資訊 N 歸納資訊組	三段論型式——演繹推理&歸納推理

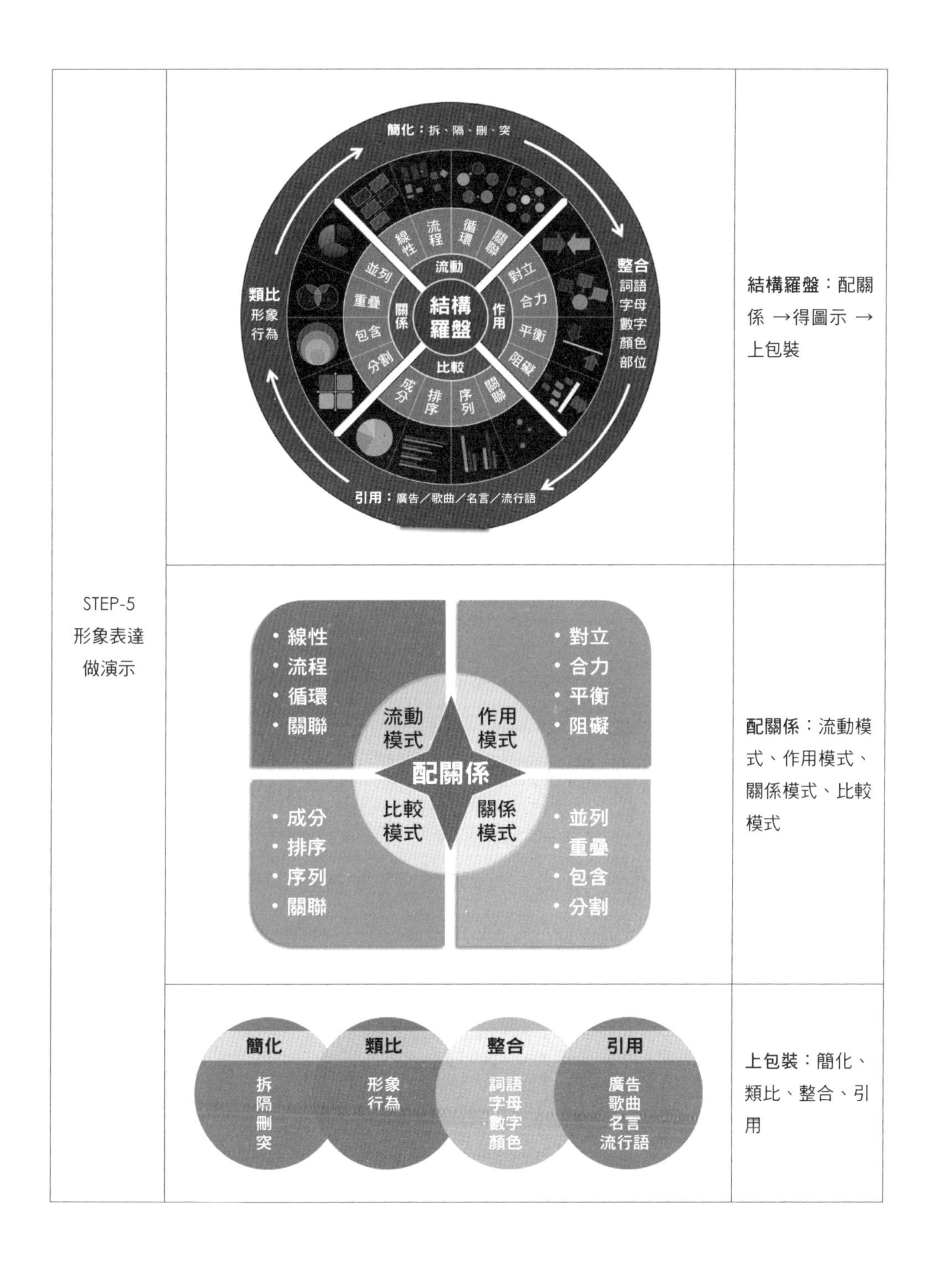

STEP-5 形象表達 做演示		結構羅盤：配關係 →得圖示 →上包裝
		配關係：流動模式、作用模式、關係模式、比較模式
		上包裝：簡化、類比、整合、引用

國家圖書館出版品預行編目（CIP）資料

【圖解・實戰】麥肯錫式的思考框架：讓大腦置入邏輯，就能讓90% 的困難都有解！/ 李忠秋, 劉晨, 張瑋 著
－－初版. －－新北市；大樂文化，2019.12
224面；17×23公分. －（Business；56）

ISBN 978-957-8710-39-9（平裝）
1. 廣告文案 2. 廣告寫作

497.5 108014535

Business 056

【圖解・實戰】麥肯錫式的思考框架

讓大腦置入邏輯，就能讓 90% 的困難都有解！

作　　者／李忠秋、劉晨、張瑋
封面設計／蕭壽佳
內頁排版／思　思
責任編輯／王姵文
主　　編／皮海屏
發行專員／劉怡安、王薇捷
會計經理／陳碧蘭
發行經理／高世權、呂和儒
總編輯、總經理／蔡連壽
出 版 者／大樂文化有限公司
地址：220 新北市板橋區文化路一段 268 號 18 樓之 1
電話：（02）2258-3656
傳真：（02）2258-3660
詢問購書相關資訊請洽：2258-3656
郵政劃撥帳號／50211045　戶名／大樂文化有限公司

香港發行／豐達出版發行有限公司
地址：香港柴灣永泰道 70 號柴灣工業城 2 期 1805 室
電話：852-2172 6513　傳真：852-2172 4355

法律顧問／第一國際法律事務所余淑杏律師
印　　刷／韋懋實業有限公司

出版日期／2019 年 12 月 12 日
定　　價／300 元（缺頁或損毀的書，請寄回更換）
I S B N　978-957-8710-39-9